宁夏审定玉米品种

SSR 指纹图谱

宁夏回族自治区种子工作站
北京市农林科学院玉米研究中心　组织编写

丁　明　亢建斌　李玉红　易红梅　杨　扬　编著

U0271252

中国农业科学技术出版社

图书在版编目（CIP）数据

宁夏审定玉米品种 SSR 指纹图谱／丁明等编著. —北京：中国农业科学技术出版社，2017.1

ISBN 978-7-5116-2868-8

Ⅰ.①宁…　Ⅱ.①丁…　Ⅲ.①玉米–品种–基因组–鉴定–宁夏–图谱　Ⅳ.①S513.035.1-64

中国版本图书馆 CIP 数据核字（2016）第 300004 号

责任编辑　姚　欢
责任校对　李向荣

出 版 者　中国农业科学技术出版社
　　　　　北京市中关村南大街 12 号　邮编：100081
电　　话　（010）82106636（编辑室）　（010）82109702（发行部）
　　　　　（010）82109709（读者服务部）
传　　真　（010）82106631
网　　址　http://www.castp.cn
经 销 者　各地新华书店
印 刷 者　北京富泰印刷有限责任公司
开　　本　889 mm×1 194 mm　1/16
印　　张　11.5
字　　数　320 千字
版　　次　2017 年 1 月第 1 版　2017 年 1 月第 1 次印刷
定　　价　56.00 元

《宁夏审定玉米品种 SSR 指纹图谱》
编著委员会

主 编 著：丁　明　　亢建斌　　李玉红　　易红梅　　杨　扬

副主编著：杨桂琴　　任　洁　　张晓梅　　葛建镕　　李　华
　　　　　沈　静　　杨国航

编著人员：王　璐　　郭凤萍　　张力科　　孙　婕　　王　蕊
　　　　　王　霞　　刘亚维　　杨银宁　　侯振华　　苗萌萌
　　　　　张静梅　　马　玢　　田红丽　　罗海敏　　宋瑞连
　　　　　刘　彬　　李瑞媛　　刘文武　　许理文　　南文举
　　　　　高　华　　李湘宁　　余小慧　　王　佳　　梁　超
　　　　　赵　展　　王凤格

前　　言

宁夏地处祖国西北内陆，黄河中上游地区，西南部是以六盘山为屏障的黄土高原，北部是以贺兰山为屏障的宁夏平原，黄河穿银川平原而过，流经宁夏397公里。天下黄河富宁夏。自秦汉以来，这里就留下了人类修渠灌田的足迹，是我国四大自流灌区之一的引黄灌区。宁夏土地资源丰富、昼夜温差大、光热资源充足，发展农作物种业具有得天独厚的优势和潜力。

自治区政府高度重视农作物种业，列为农业特色优势产业，多年来宁夏种业在品种管理、质量管理、生产经营、供种保障等方面取得了可喜成绩。玉米是宁夏的四大粮食作物之一，近年来种植面积稳定在440万亩左右，占全区粮食播种面积的三分之一，玉米良种统供率达100%。截止2015年，自治区审定玉米品种138个，退出了62个，农业生产中应用76个品种，玉米品种实现了第七次更新换代，为促进粮食持续增产、农民持续增收和现代农业发展作出了重要贡献。

本书作为《玉米审定品种SSR指纹图谱》系列书籍中省级审定玉米品种的第一部，分两部分介绍了宁夏审定玉米品种的情况。第一部分是以指纹图谱的形式汇集了农业部征集的91个宁夏审定玉米品种的40个SSR核心引物位点的完整指纹图谱；第二部分是以审定公告的形式回顾了历年通过自治区审定的138个玉米品种的品种来源、特征特性、谷物品质、抗逆特性、产量表现、栽培技术要点和适宜种植地区等重要信息。本书对宁夏玉米品种的真实性鉴定和纯度鉴定工作具有重要的指导意义和参考价值，是从事玉米种子质量检测、品种管理、侵权案件司法鉴定、品种选育、农业科研教学等人员的工具书籍。

本书编辑过程中得到宁夏农牧厅、农业部种子管理局、全国农业技术推广服务中心等单位的大力支持，在此表示诚挚的感谢。由于时间仓促，难免有遗漏和不足之处，敬请专家和读者批评指正。

编著委员会

2017年1月1日

本书内容及使用方式

一、正文部分提供宁夏审定品种 SSR 指纹图谱和审定公告

第一部分，宁夏审定品种图谱按审定年份（从大到小）、审定号（从小到大）顺序整理，每个审定品种提供 40 个 SSR 核心引物位点的指纹图谱。读者可在真实性鉴定中将其作为对照样品的参考指纹，也可利用该图谱筛选纯度检测的双亲互补型候选引物。第二部分，宁夏审定品种的审定公告信息对应第一部分提供指纹图谱的审定品种，并按相同顺序整理。

二、附录一至附录三提供与指纹图谱制作相关的品种、引物及数据信息

附录一为宁夏审定品种基本信息，包括审定信息、品种权保护信息及国家样品库信息；附录二、三为 SSR 引物基本信息，包括引物序列信息和实验中采用的多色荧光电泳组合（Panel）信息。

三、附录四提供品种名称拼音索引

品种名称索引部分将正文部分涉及的宁夏审定品种 SSR 指纹图谱按品种名称拼音顺序建立索引，以方便品种指纹图谱查询。

四、SSR 指纹图谱使用方式

本书提供的玉米品种 SSR 指纹图谱对开展玉米真实性鉴定和纯度鉴定具有重要参考价值。不同的检验目的和检测平台使用指纹图谱的方式略有调整。

1. 在真实性鉴定中使用

如果使用荧光毛细管电泳检测平台，如 ABI3730XL、ABI3500、ABI3130 等仪器，建议采用与本指纹图谱构建时完全相同的 Panel、BIN 以及引物荧光染料。对于其它品牌仪器，由于采用的凝胶、引物荧光染料及分子量标准不同，在具体试验时，每块板上加入 1-2 份参照样品进行不同检测平台间系统误差的校正，但注意等位变异的命名应与本指纹图谱保持一致，获得的指纹就可以与本书提供的标准指纹图谱进行比较。

如果使用变性垂直板 PAGE 电泳检测平台，最好将待测样品和对照样品在同一电泳板上直接进行成对比较。对于经常使用的对照样品，如郑单 958 等，可预先将对照样品与标准样品指纹图谱比对核实一致后，就可以用该对照样品代替标准样品在 PAGE 电泳中使用。

2. 在纯度鉴定中使用

如果待测品种在本书中已提供 DNA 指纹图谱，可根据该品种 40 对核心引物的 DNA 指纹图谱和

数据信息，先剔除掉单峰（纯合带型）的引物位点及表现为高低峰（两条谱带高度差异较大）、多峰（两条以上的谱带）等异常峰型的引物位点，后挑选出具有双峰（杂合带型）的引物位点作为纯度鉴定候选引物。

如果使用普通变性 PAGE 凝胶电泳检测平台或荧光毛细管电泳检测平台进行纯度检测，则上述候选引物都可以使用；如果使用琼脂糖凝胶电泳或非变性凝胶电泳等分辨率较低的电泳检测平台进行纯度检测，则在上述候选引物中进一步挑选出两个谱带的片段大小相差较大的引物。利用入选引物对待测杂交种小样本进行初检（杂交种取 20 粒），判断其纯度问题是由于自交苗、回交苗、其它类型杂株还是遗传不稳定造成的，并进一步确定该样品的纯度鉴定引物对其大样本进行鉴定。

目　　录

4

第一部分 SSR 指纹图谱

第一部分　SSR 指交图谱

宁单22号 （审定编号：宁审玉2015001）

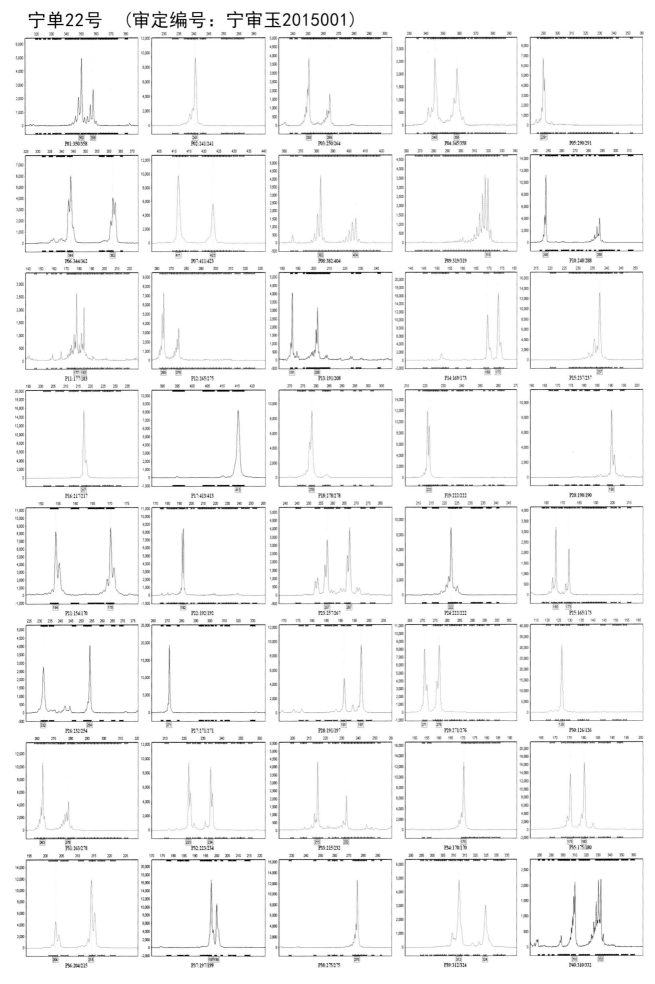

宁单23号　（审定编号：宁审玉2015002）

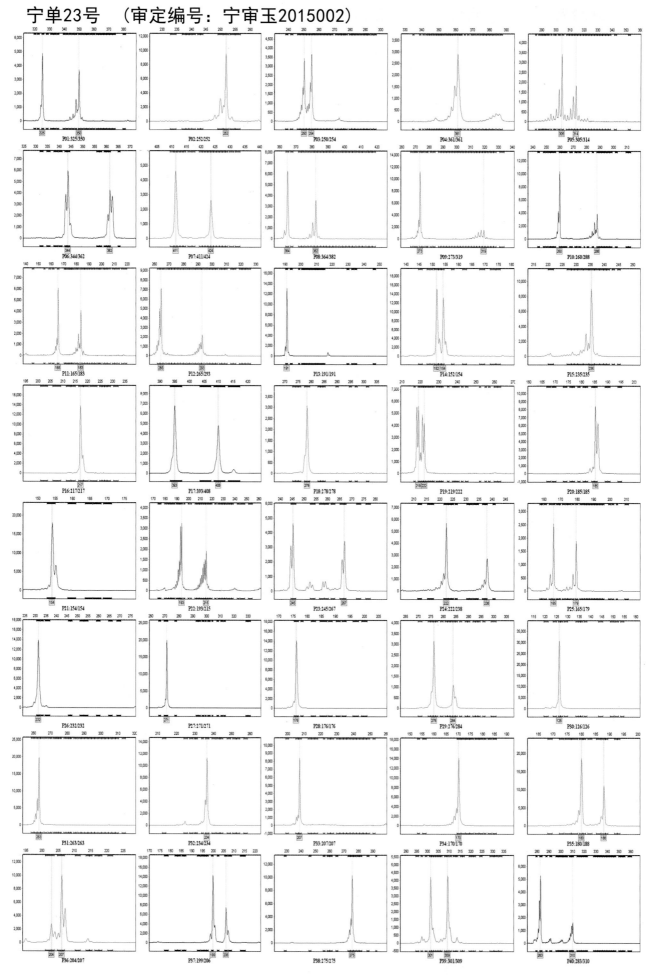

宁单24号 （审定编号：宁审玉2015003）

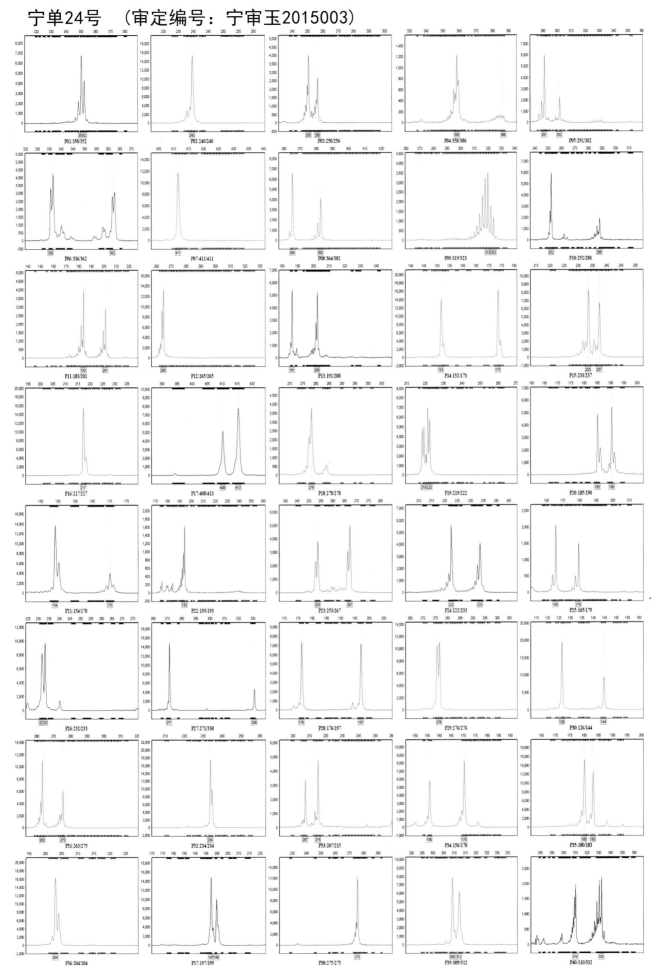

宁单26号 （审定编号：宁审玉2015005）

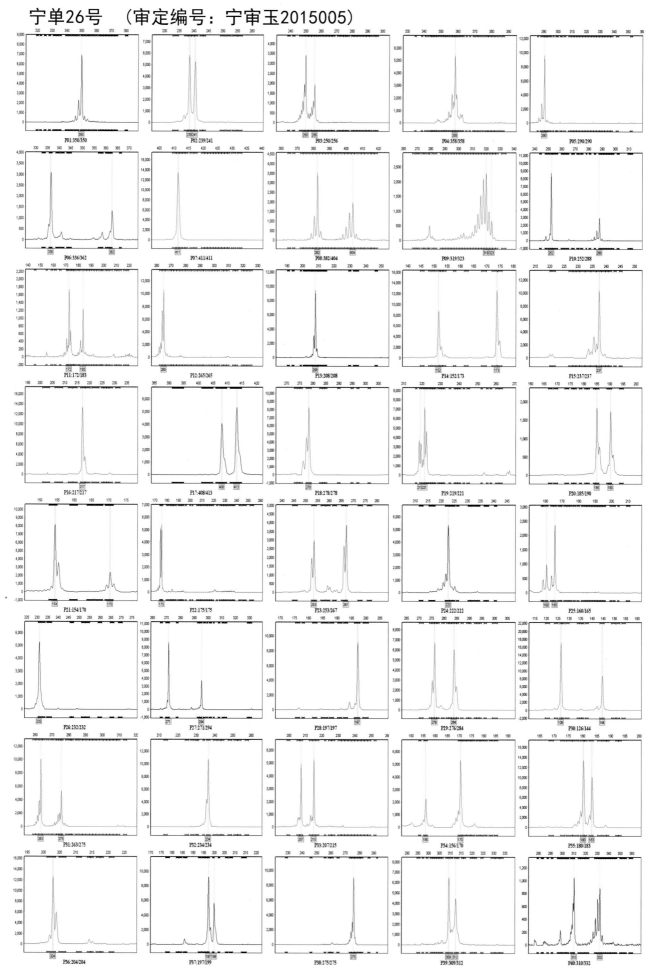

宁单27号 （审定编号：宁审玉2015006）

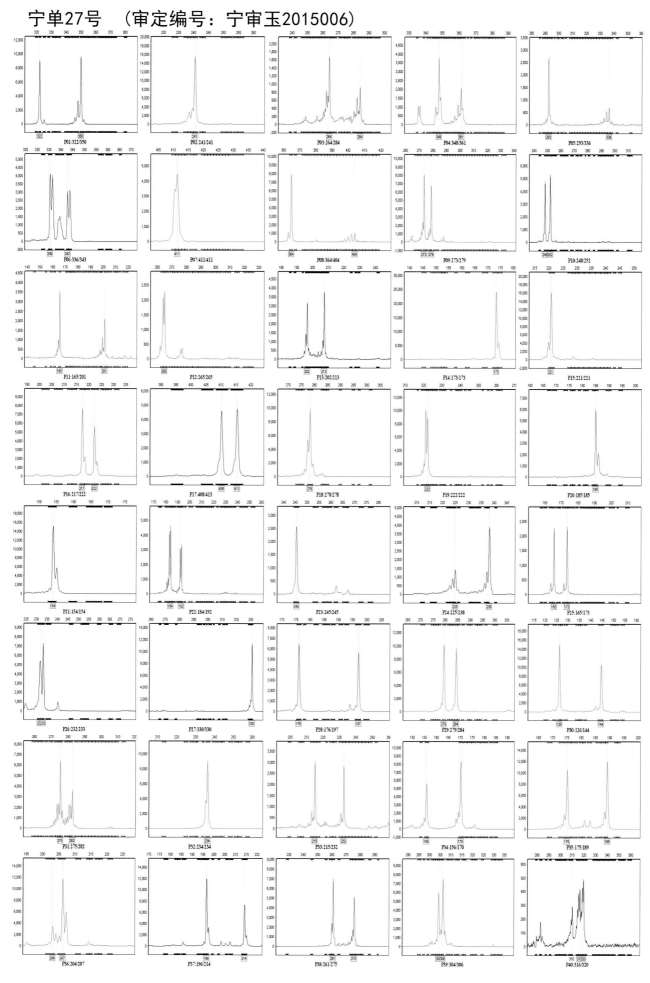

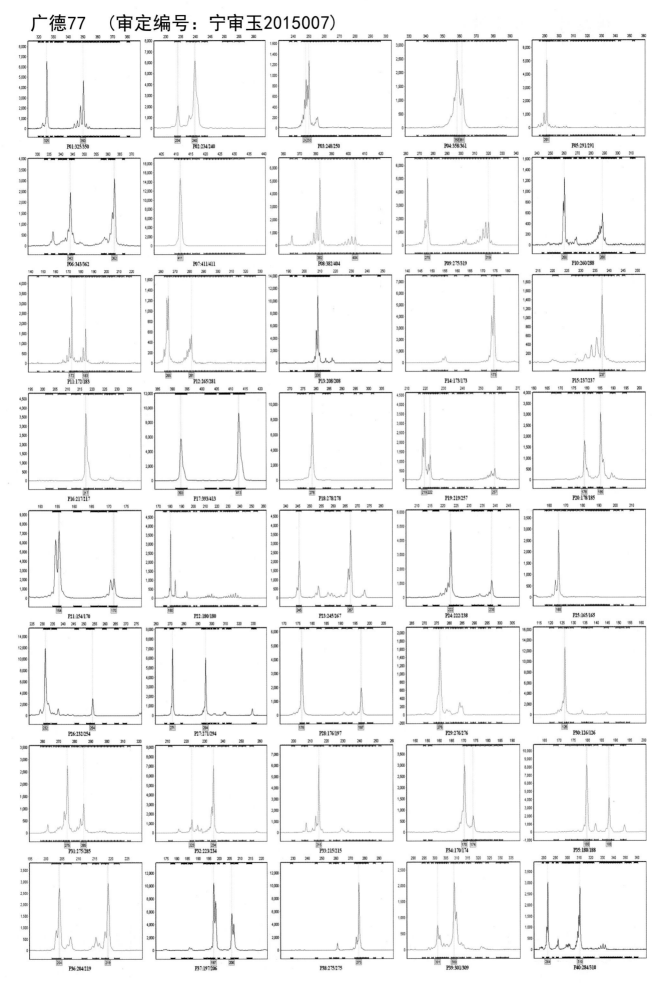

宁单28号　（审定编号：宁审玉2015008）

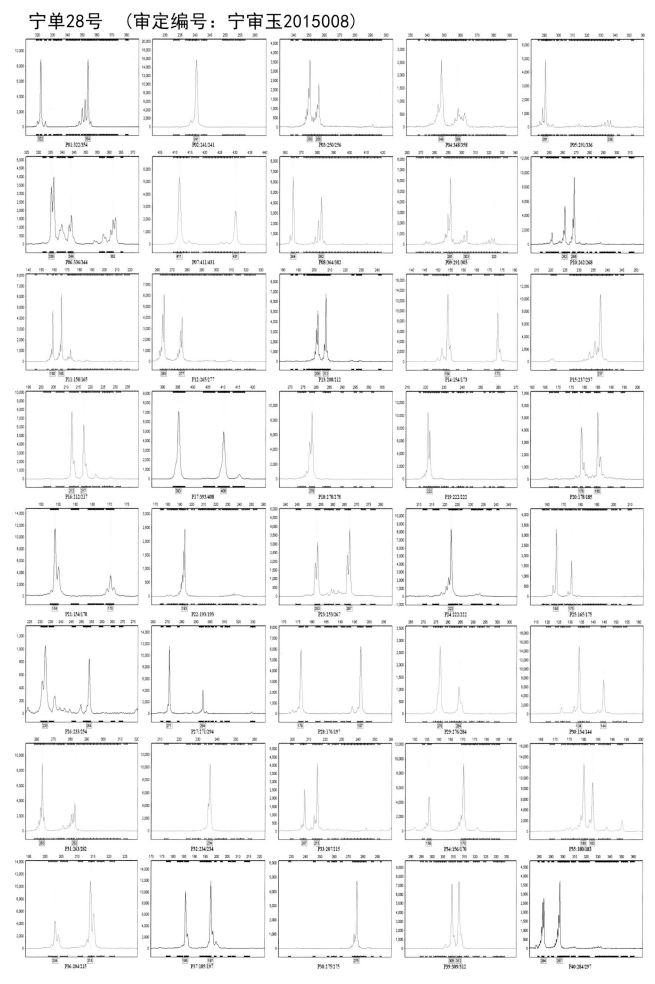

9

富农340　（审定编号：宁审玉2015009）

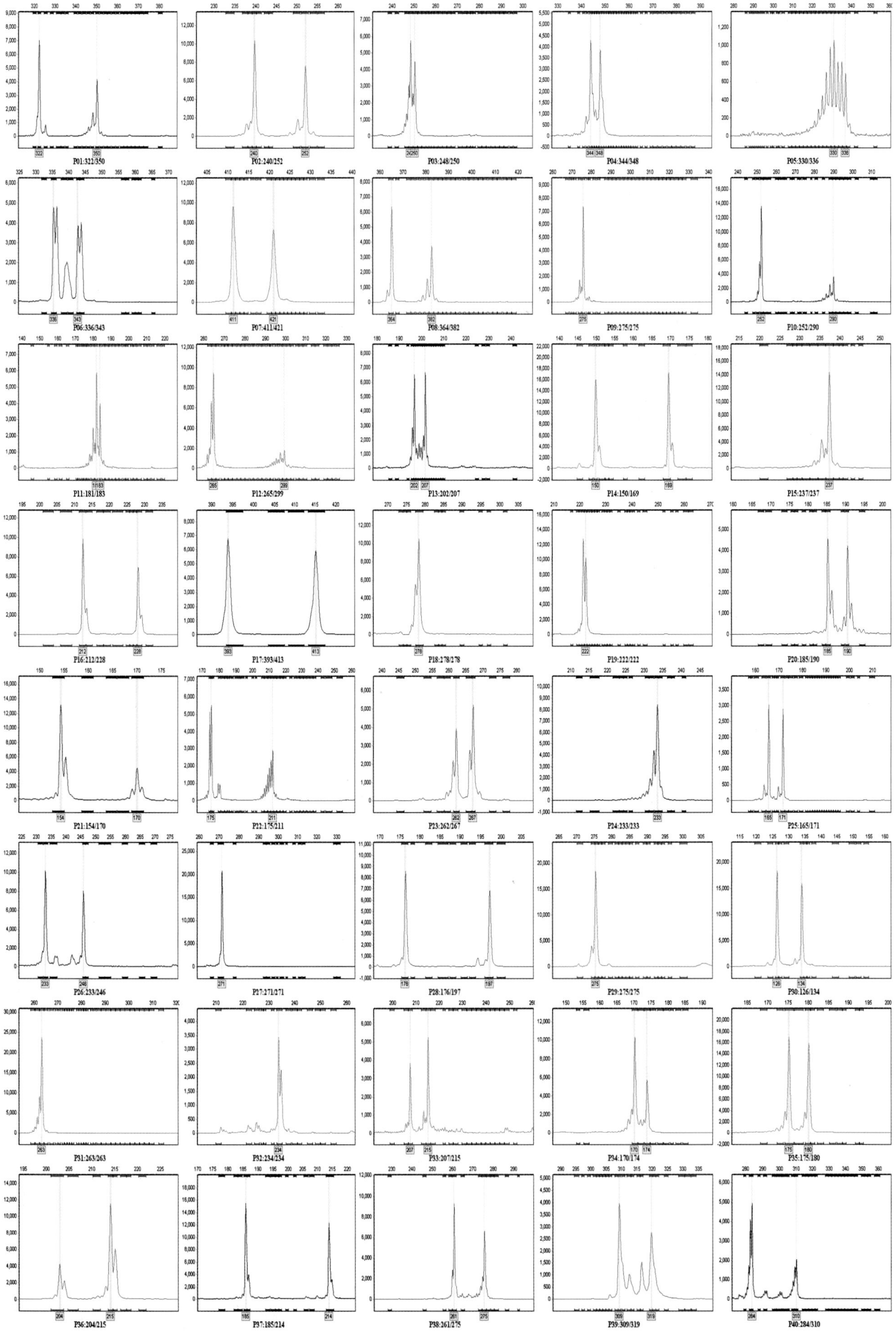

P01:322/350　P02:240/252　P03:248/250　P04:344/348　P05:330/336
P06:336/343　P07:411/421　P08:364/382　P09:275/275　P10:252/290
P11:181/183　P12:265/299　P13:202/207　P14:150/169　P15:237/237
P16:212/228　P17:393/413　P18:278/278　P19:222/222　P20:185/190
P21:154/170　P22:175/211　P23:262/267　P24:233/233　P25:165/171
P26:233/246　P27:271/271　P28:176/197　P29:275/275　P30:126/134
P31:263/263　P32:234/234　P33:207/215　P34:170/174　P35:175/180
P36:204/215　P37:185/214　P38:261/275　P39:309/319　P40:284/310

10

吉单27 （审定编号：宁审玉2015010）

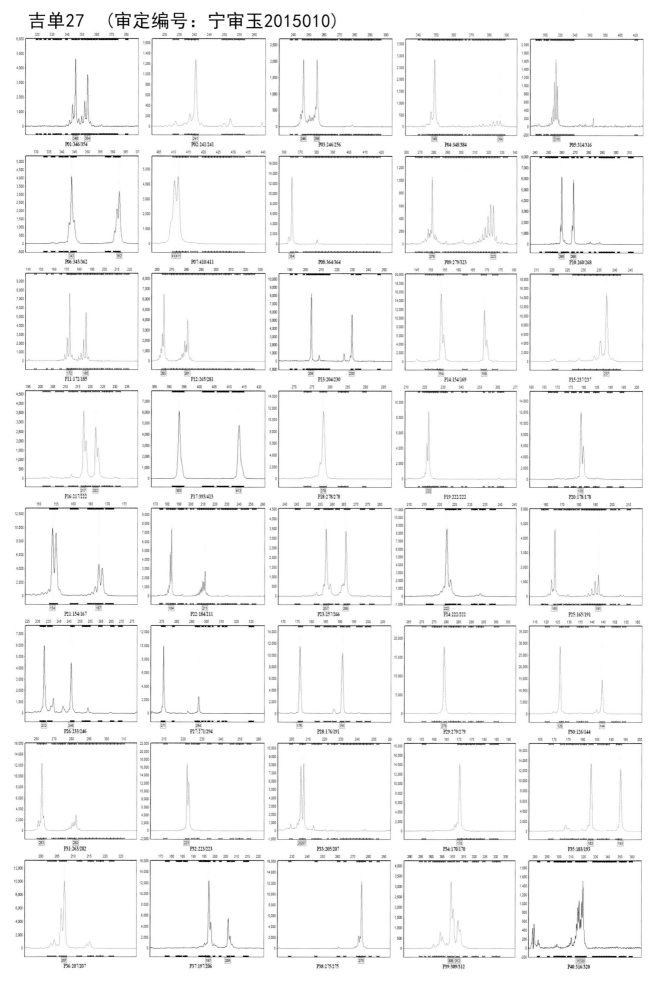

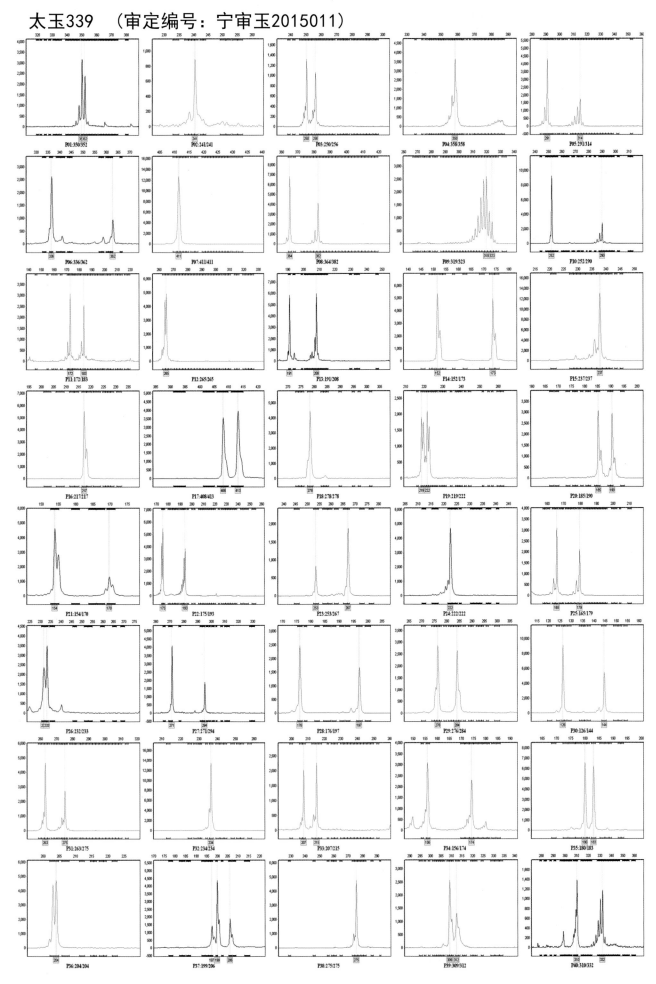

丰田6号 （审定编号：宁审玉2015012）

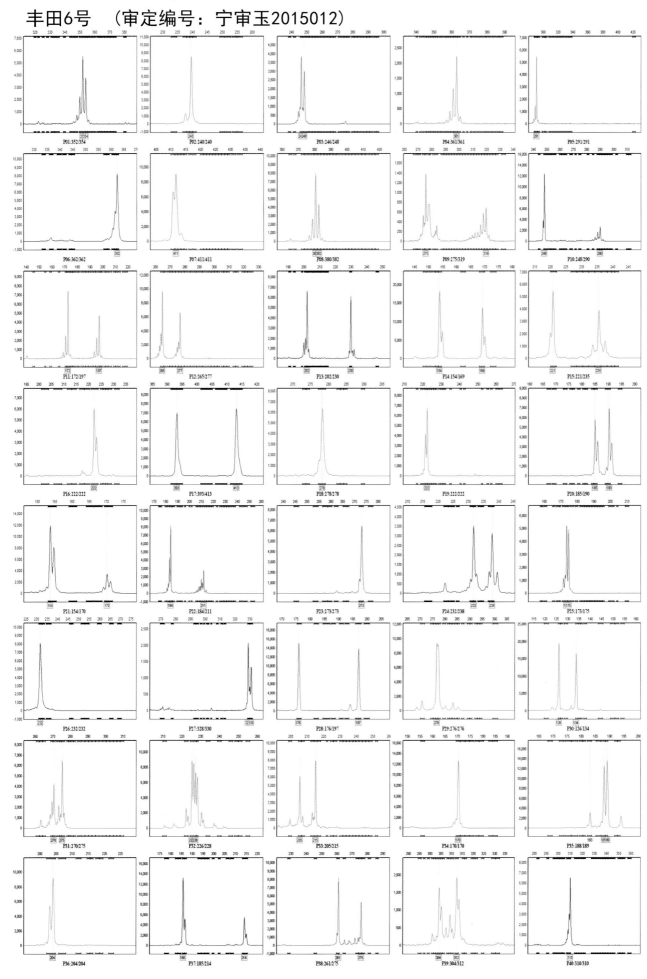

13

明玉5号　（审定编号：宁审玉2015013）

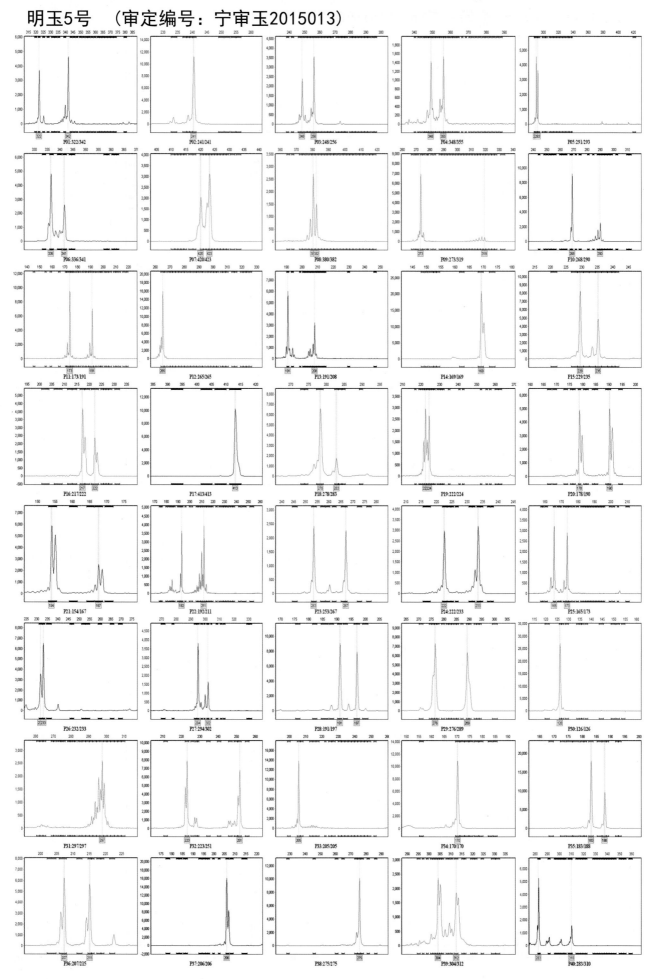

先行1658 （审定编号：宁审玉2015014）

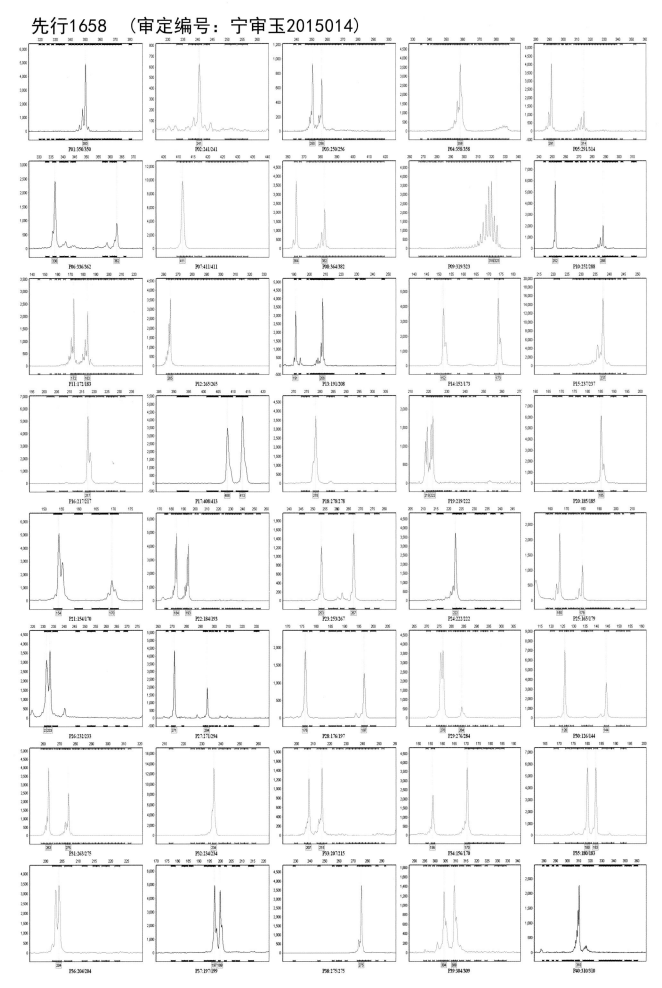

15

登海605 （审定编号：宁审玉2015015）

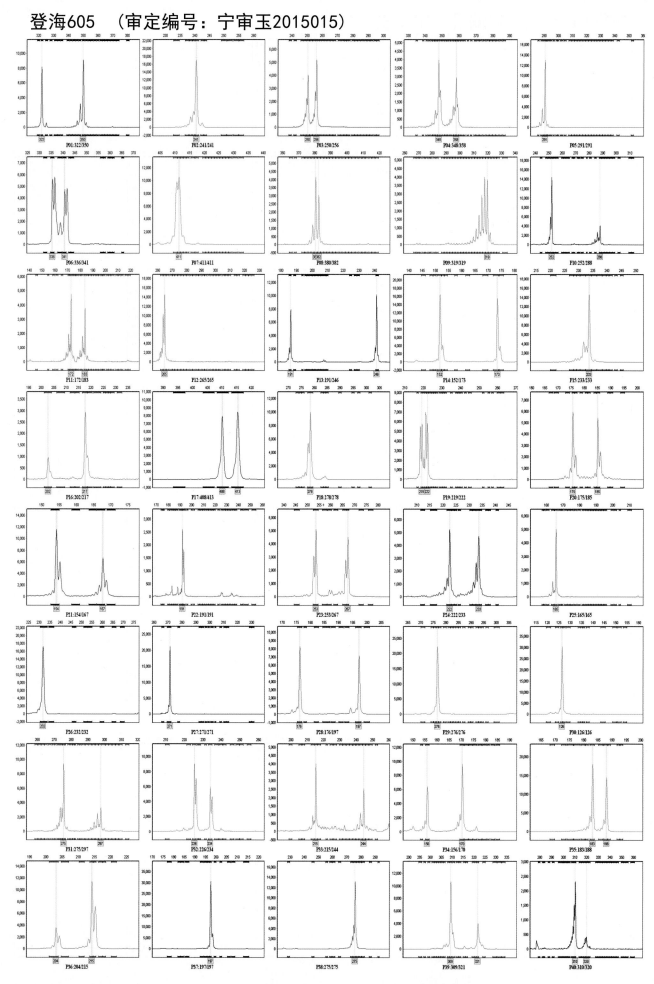

16

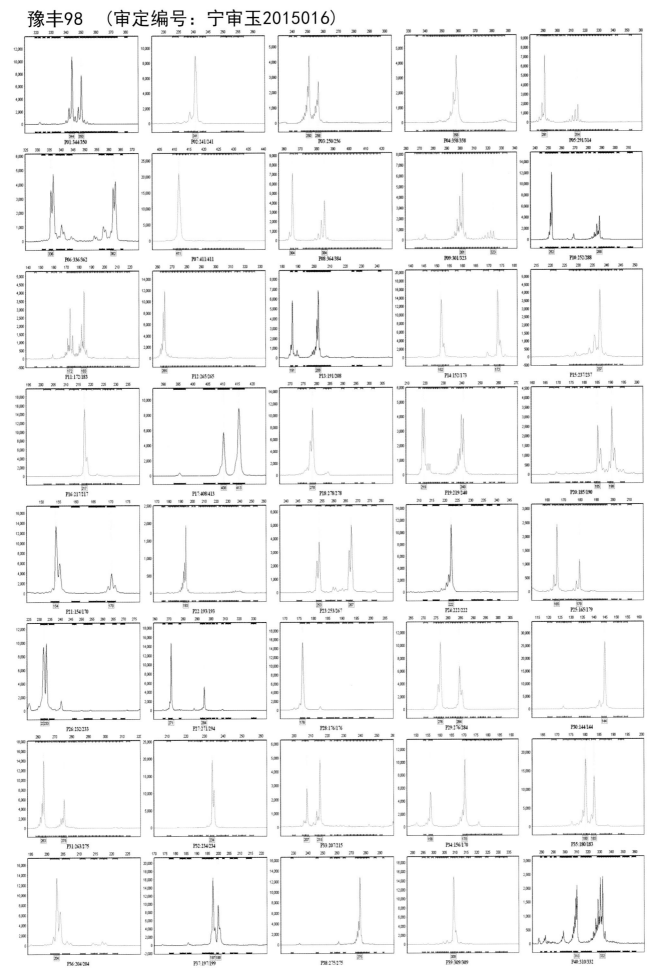

32D22 （审定编号：宁审玉2015017）

P01:350/352　P02:241/241　P03:246/250　P04:358/358　P05:291/314

P06:336/362　P07:411/431　P08:382/382　P09:303/319　P10:262/290

P11:183/185　P12:265/265　P13:191/208　P14:152/173　P15:237/237

P16:217/217　P17:408/413　P18:278/278　P19:222/222　P20:190/190

P21:154/170　P22:175/175　P23:257/267　P24:222/233　P25:165/165

P26:232/233　P27:271/297　P28:197/197　P29:276/276　P30:126/144

P31:263/265　P32:223/223　P33:207/215　P34:170/170　P35:180/188

P36:204/204　P37:185/197　P38:261/275　P39:312/324　P40:332/332

金创1088 （审定编号：宁审玉2015018）

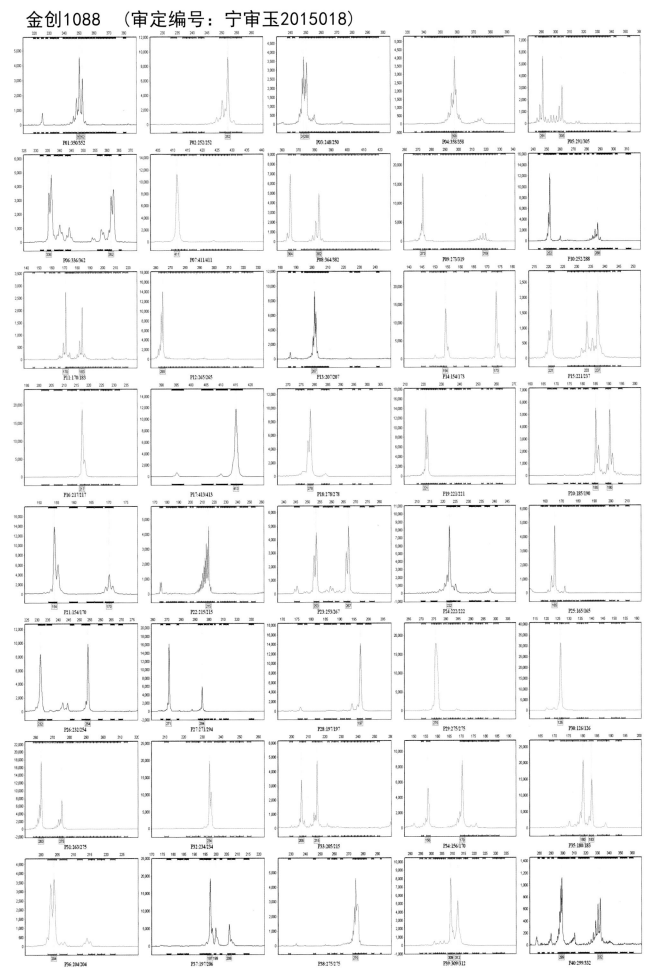

农华032 （审定编号：宁审玉2015019）

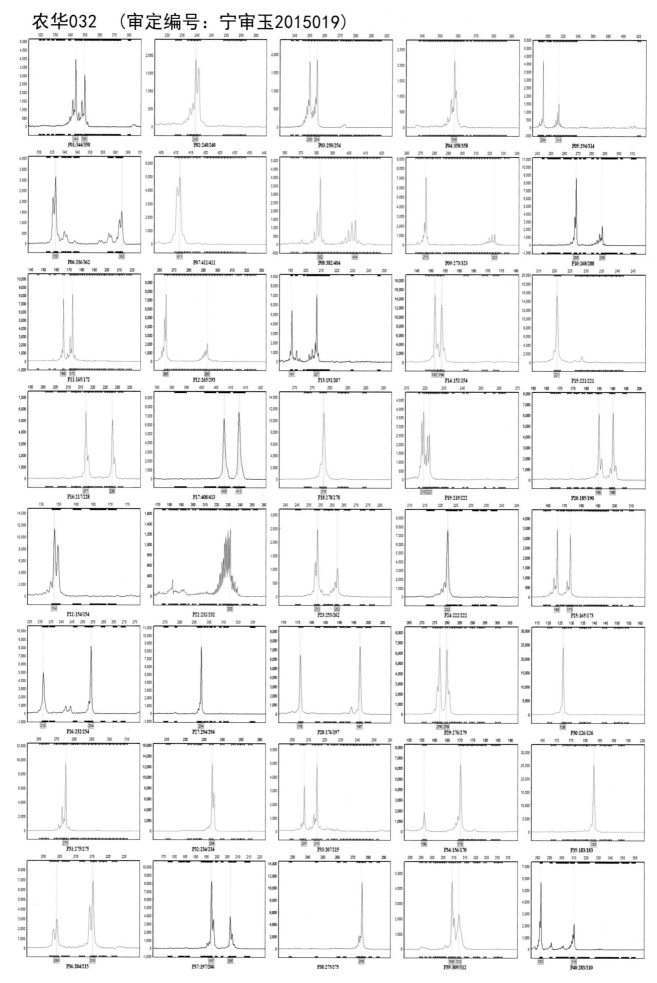

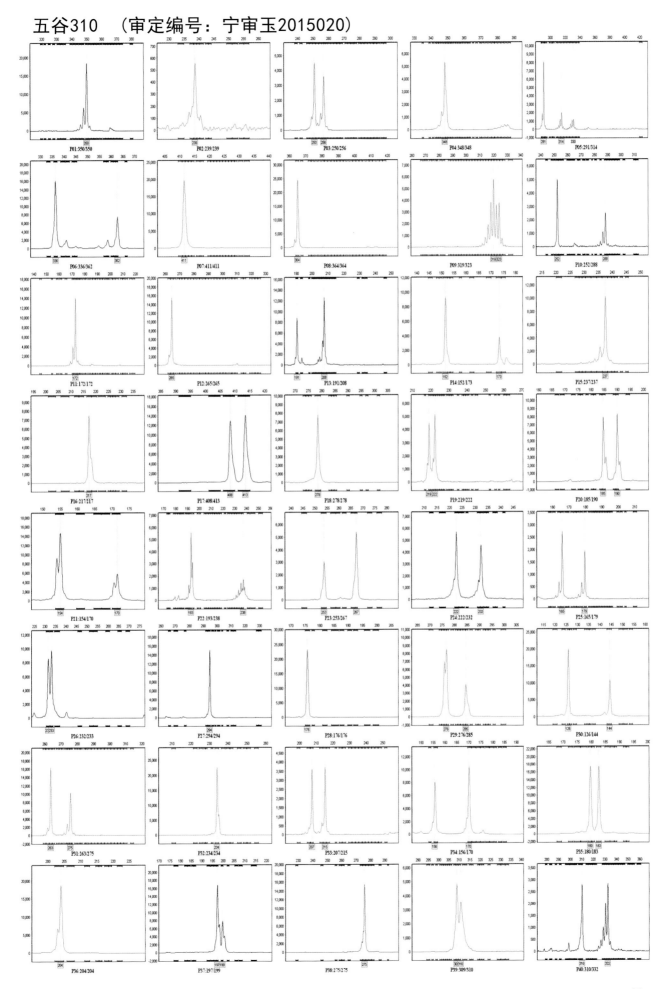

大丰30　（审定编号：宁审玉2012006, 宁审玉2015021）

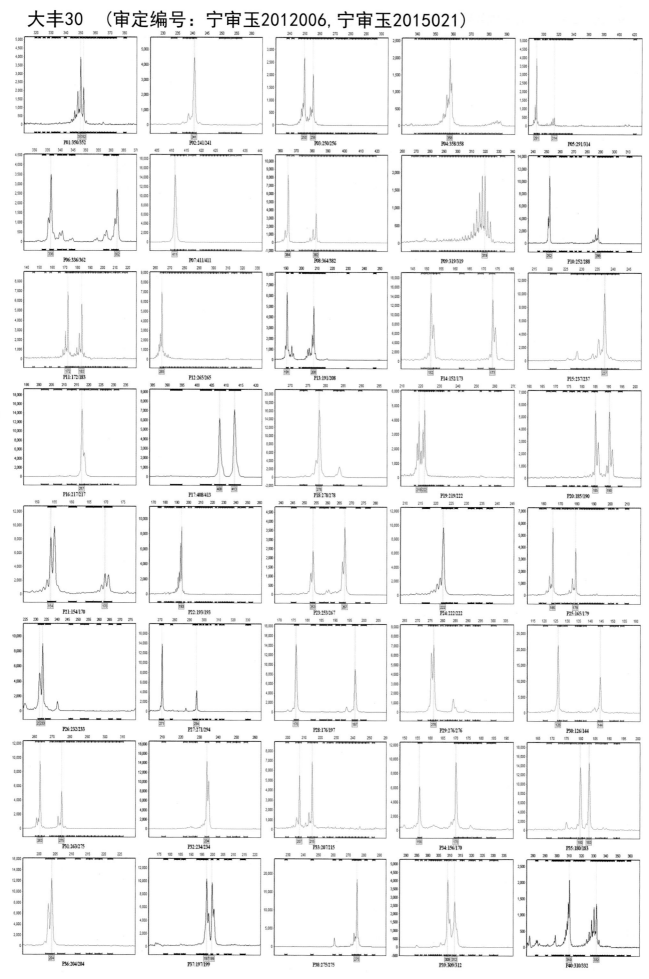

22

奥玉3804 （审定编号：宁审玉2015022）

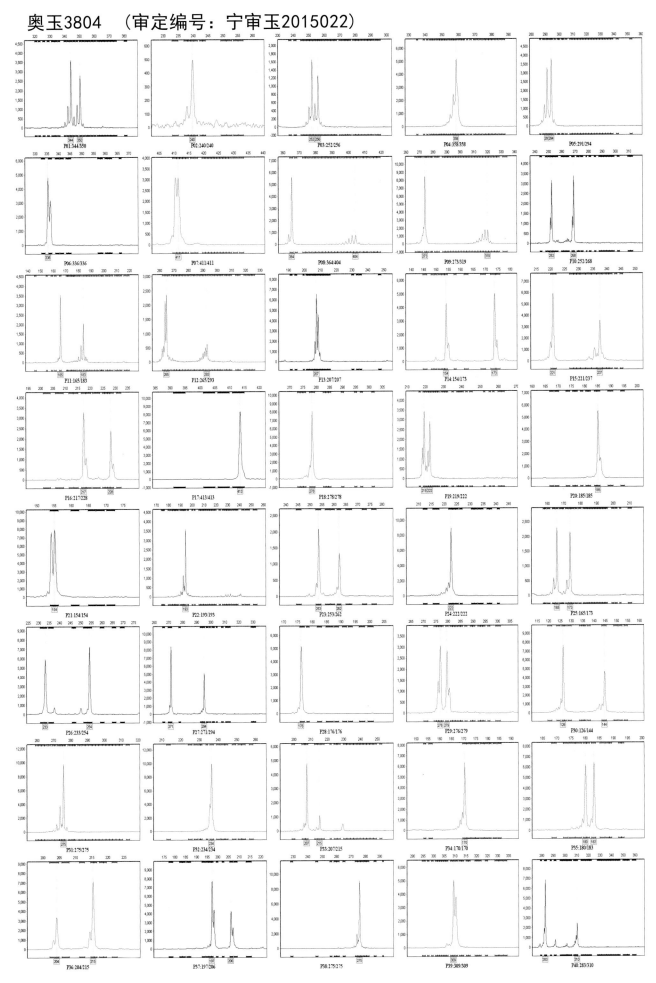

23

彩糯208　（审定编号：宁审玉2015023）

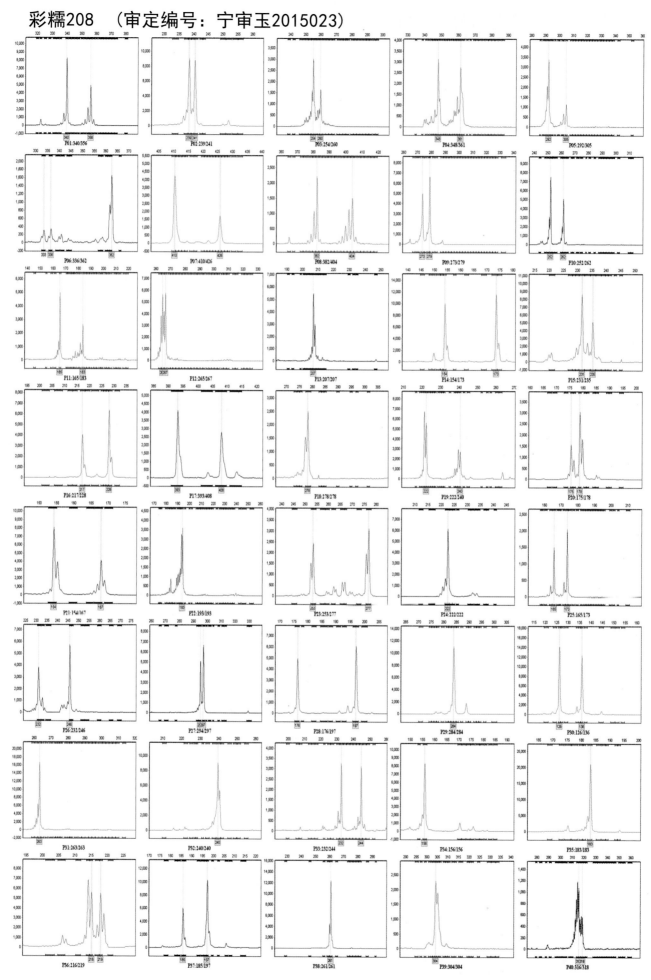

香糯五号　（审定编号：宁审玉2015024）

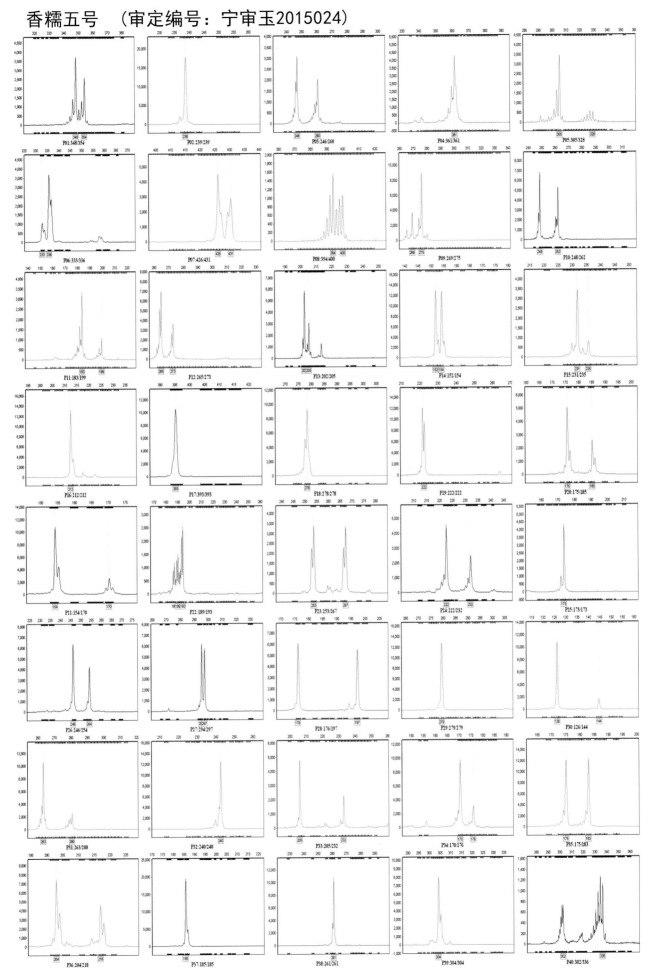

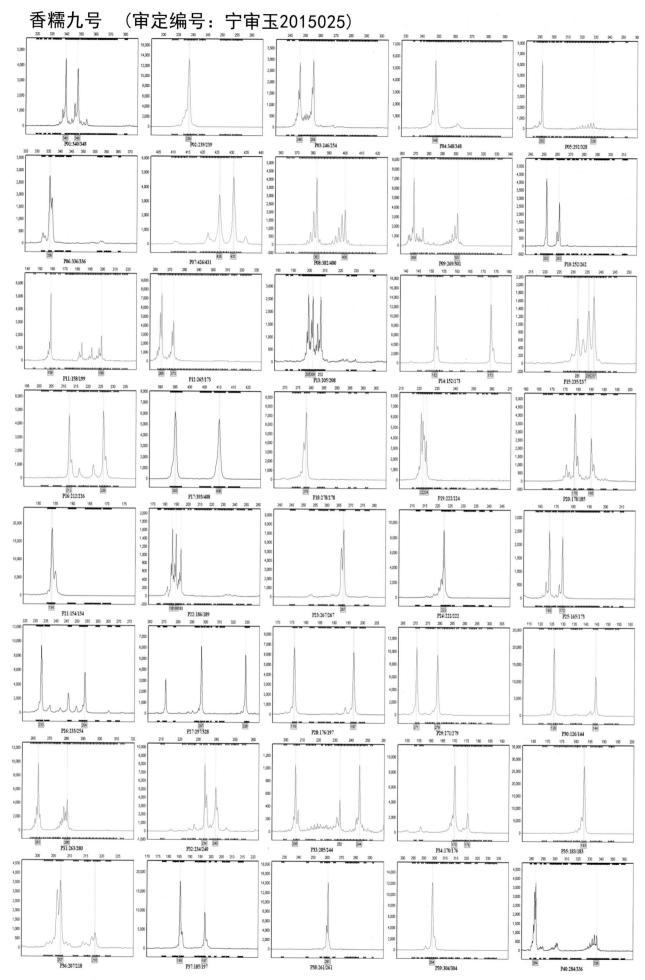

甘甜糯2号　（审定编号：宁审玉2015027）

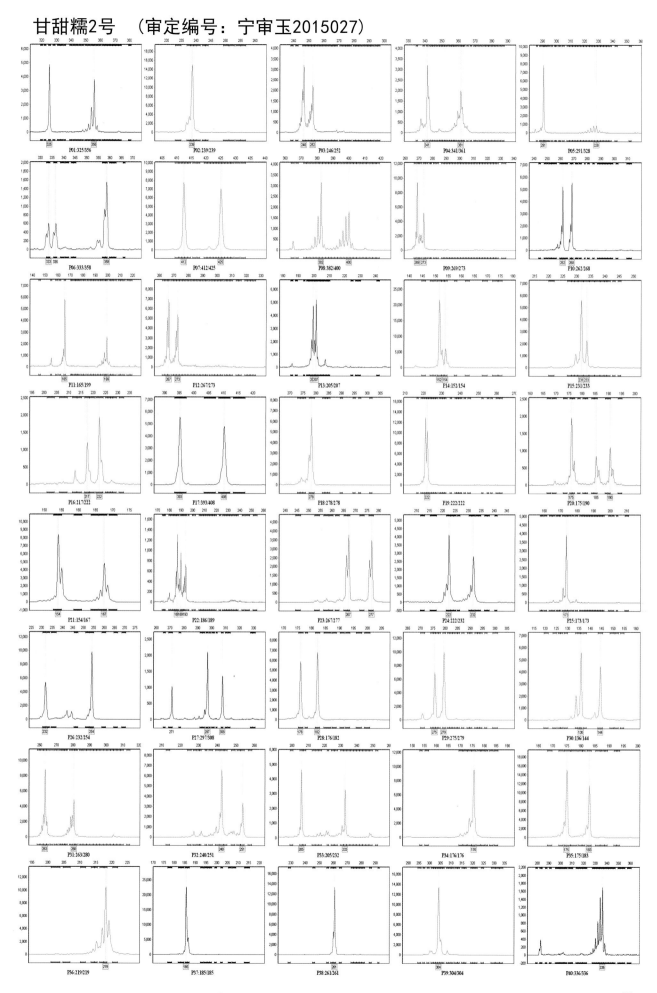

27

甘甜糯3号 （审定编号：宁审玉2015028）

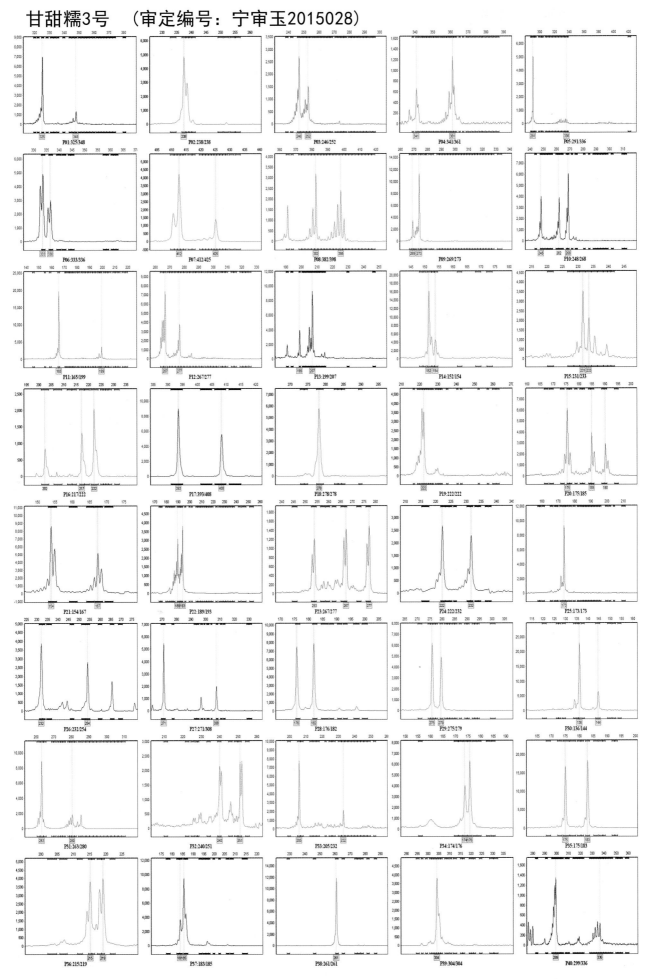

农科玉368 （审定编号：宁审玉2015029）

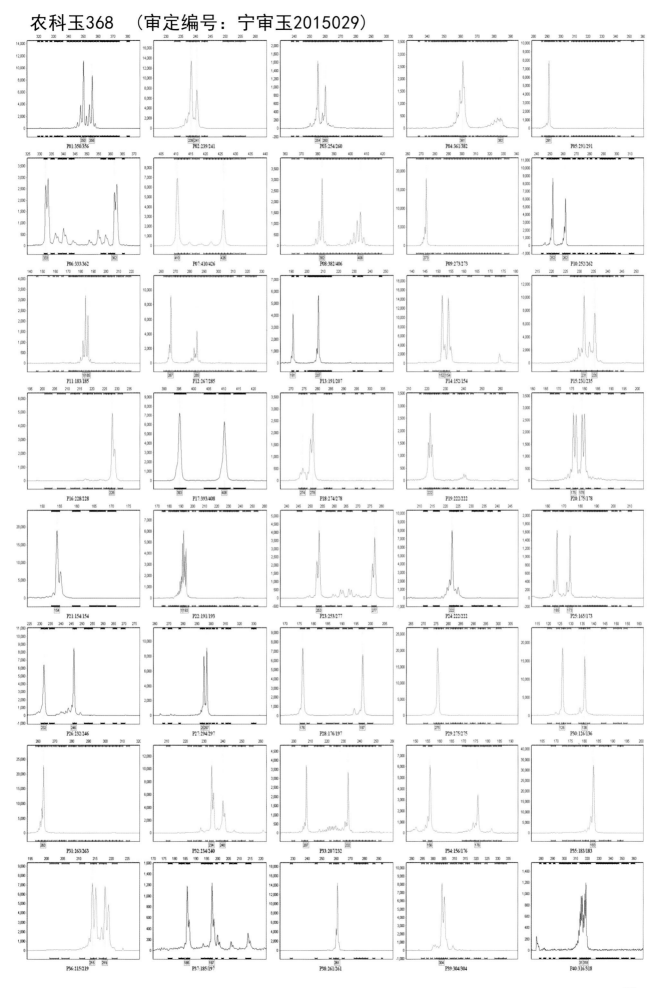

京科糯2000　（审定编号：宁审玉2015030）

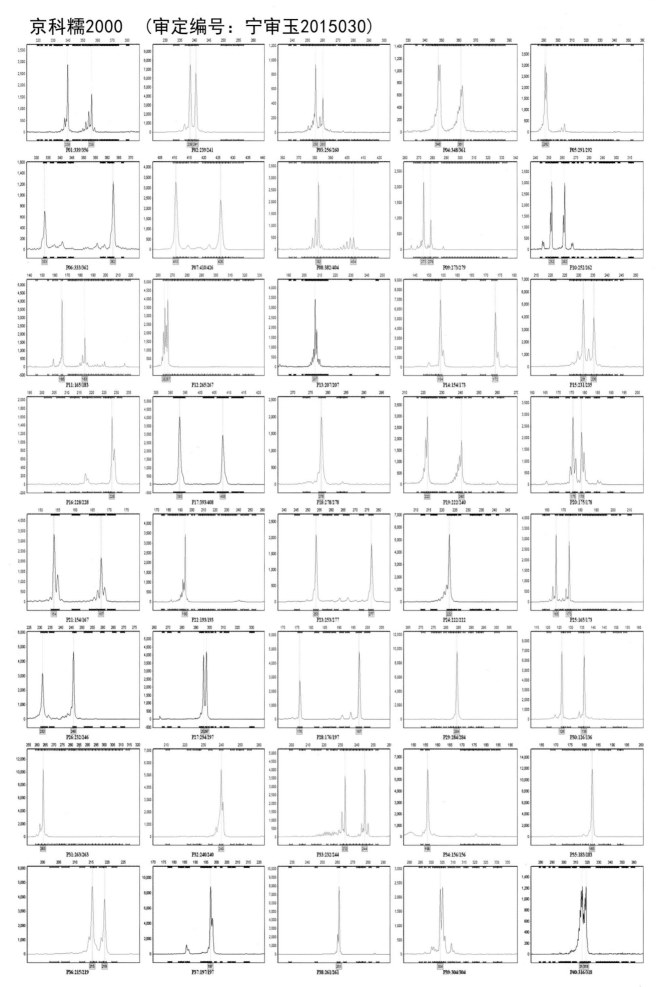

美玉糯16号 （审定编号：宁审玉2015031）

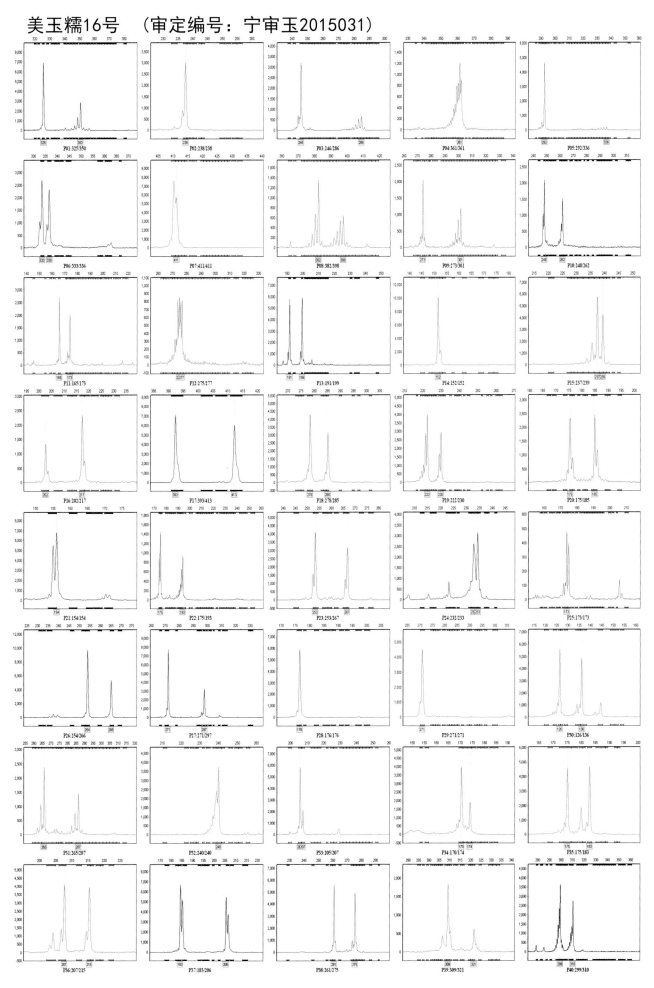

31

宁单18号 （审定编号：宁审玉2014001）

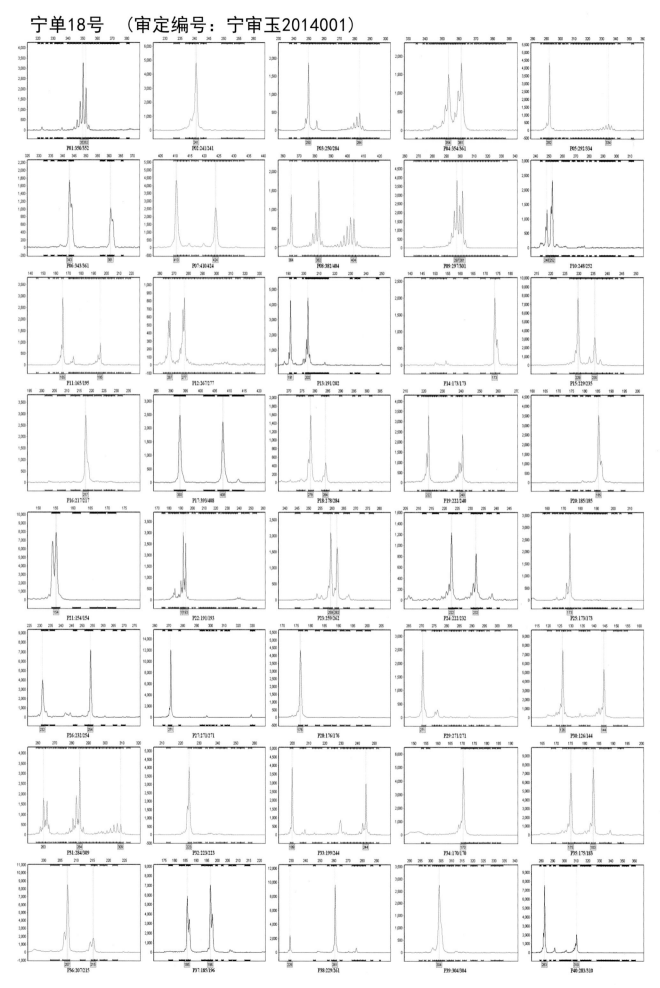

宁单19号 （审定编号：宁审玉2014002）

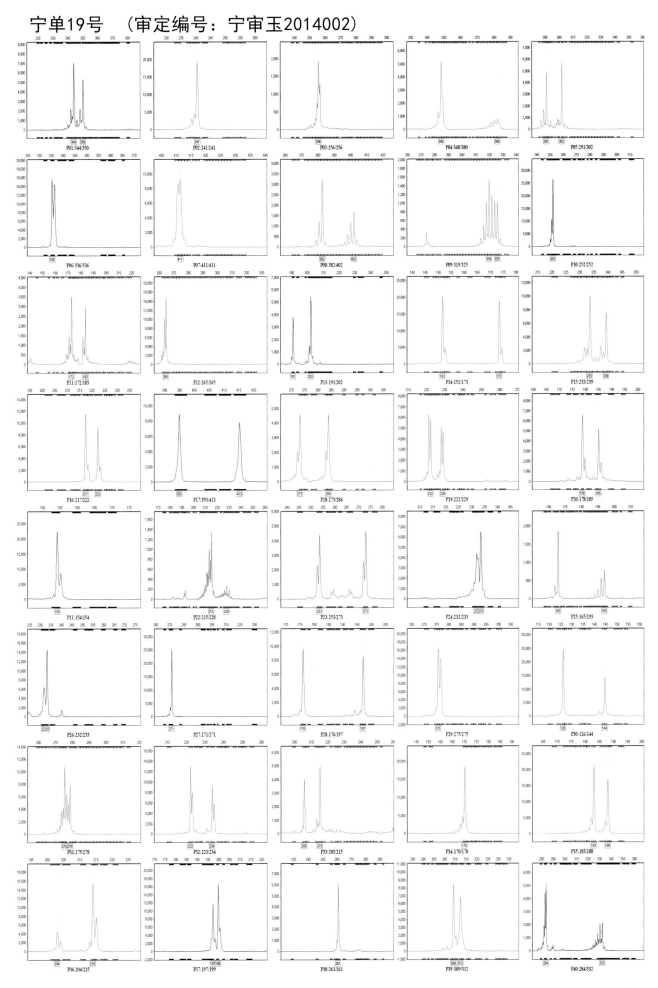

宁单20号 （审定编号：宁审玉2014003）

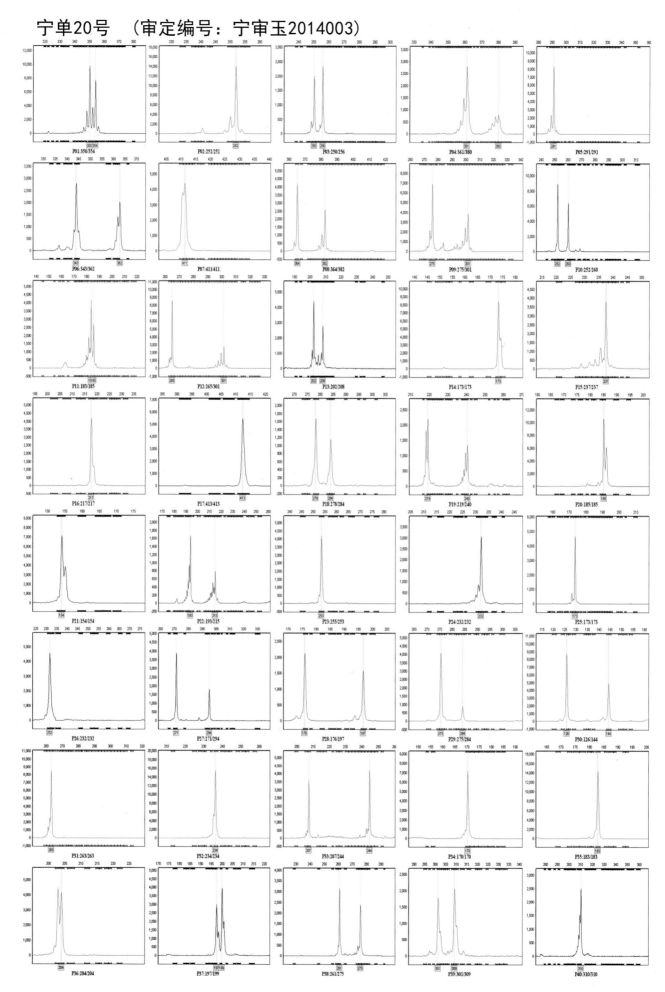

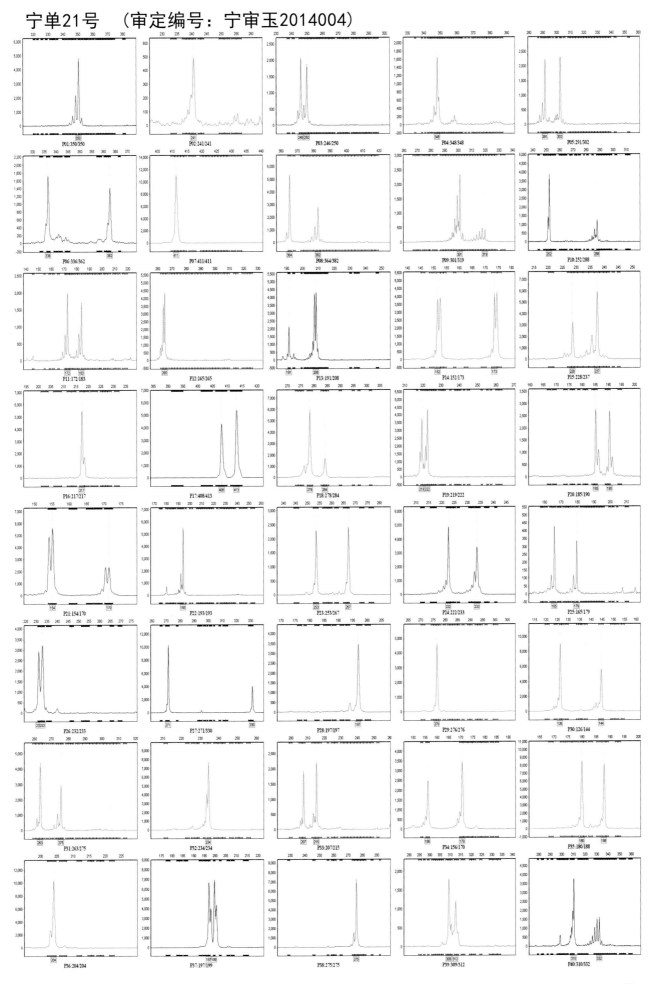

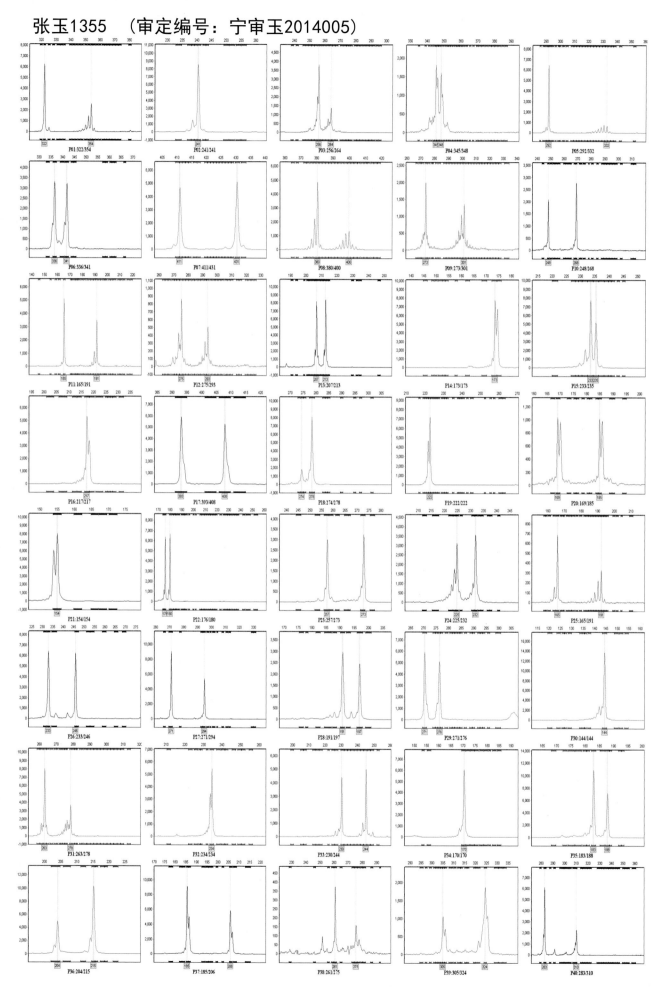

屯玉168 （审定编号：宁审玉2014006）

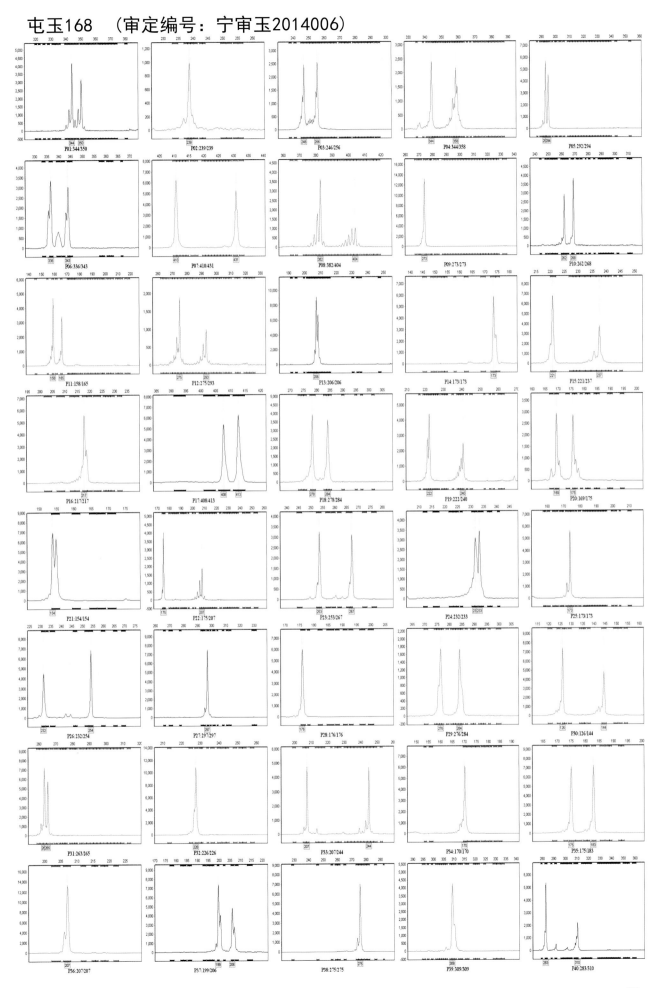

宁单14号 （审定编号：宁审玉2012001）

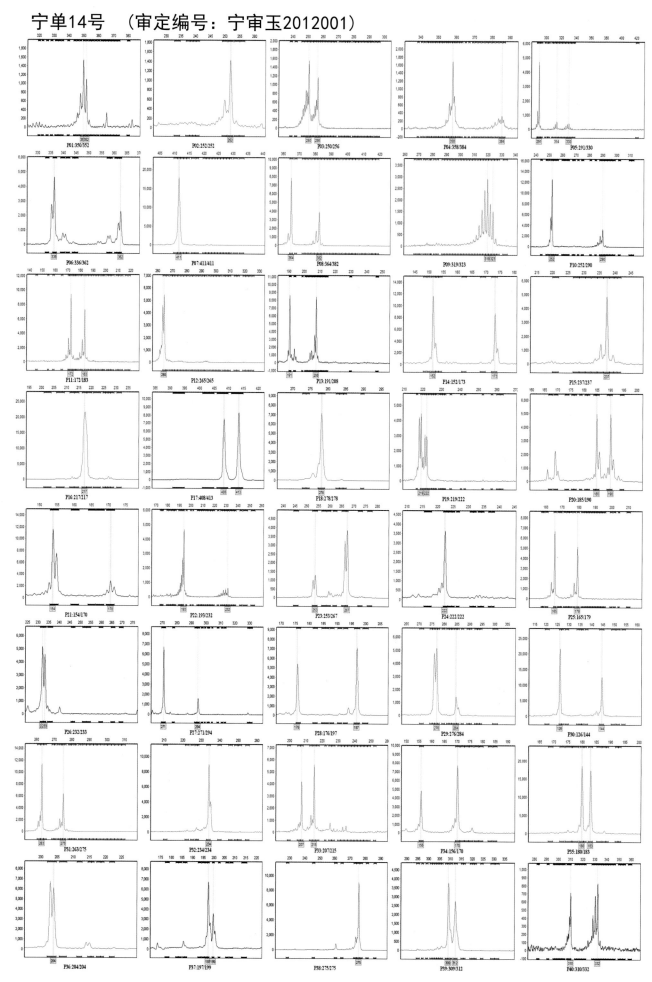

宁单15号 （审定编号：宁审玉2012002）

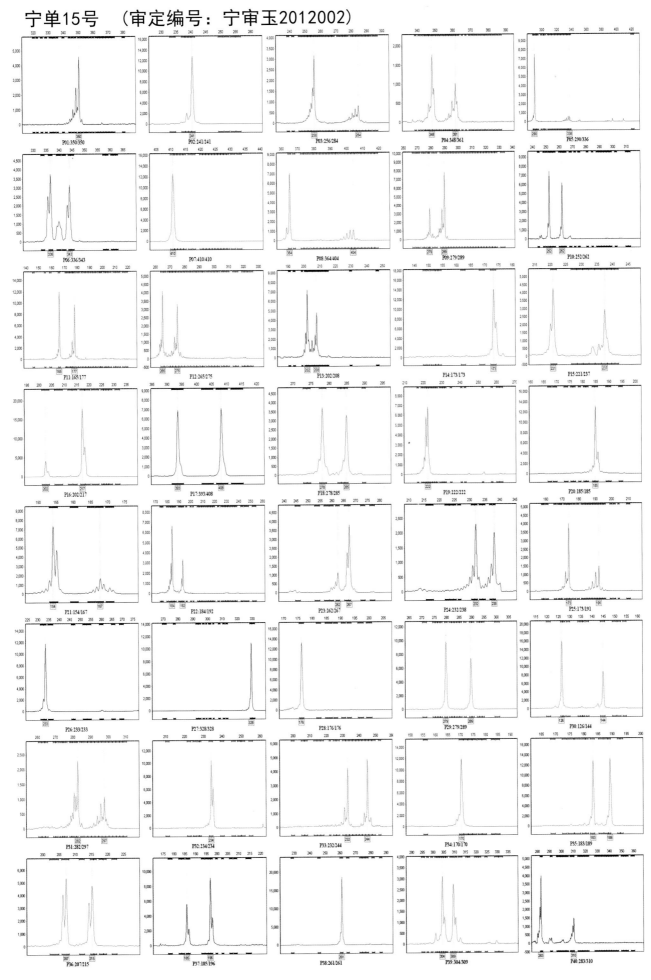

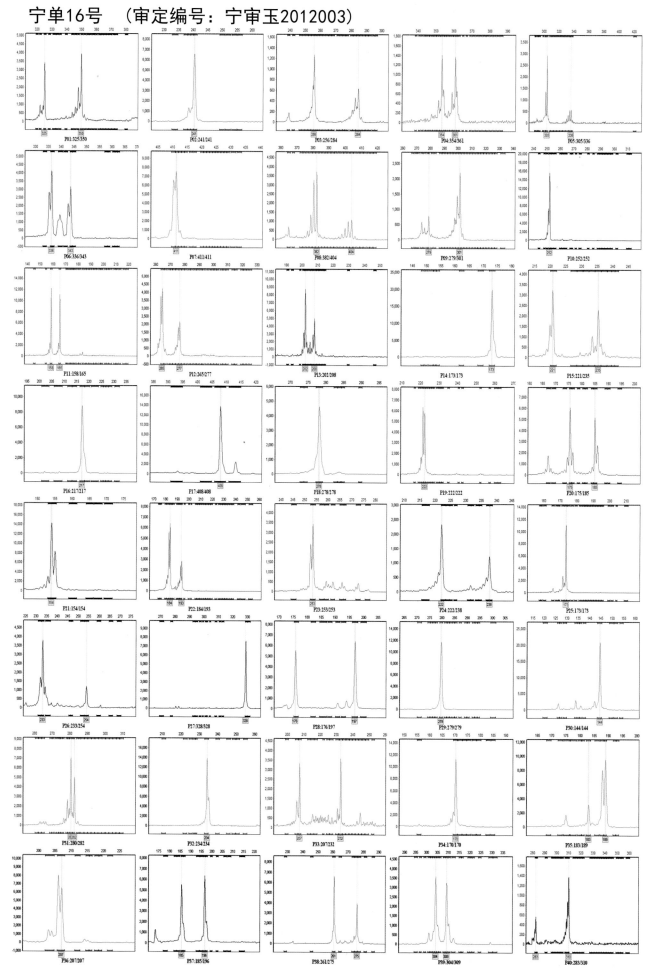

宁单17号　　（审定编号：宁审玉2012004）

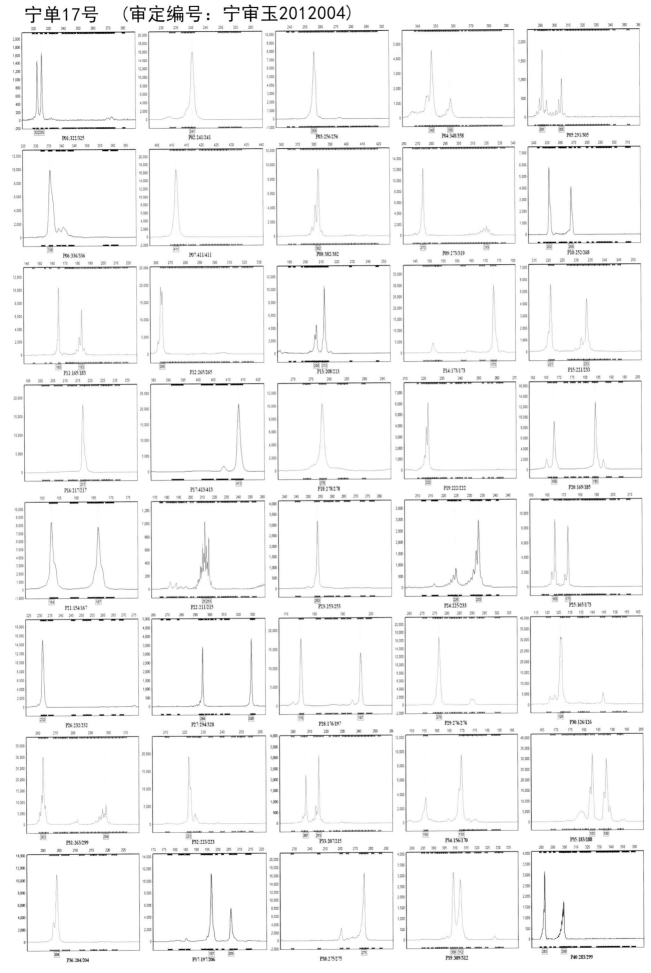

41

正业8号 （审定编号：宁审玉2012005）

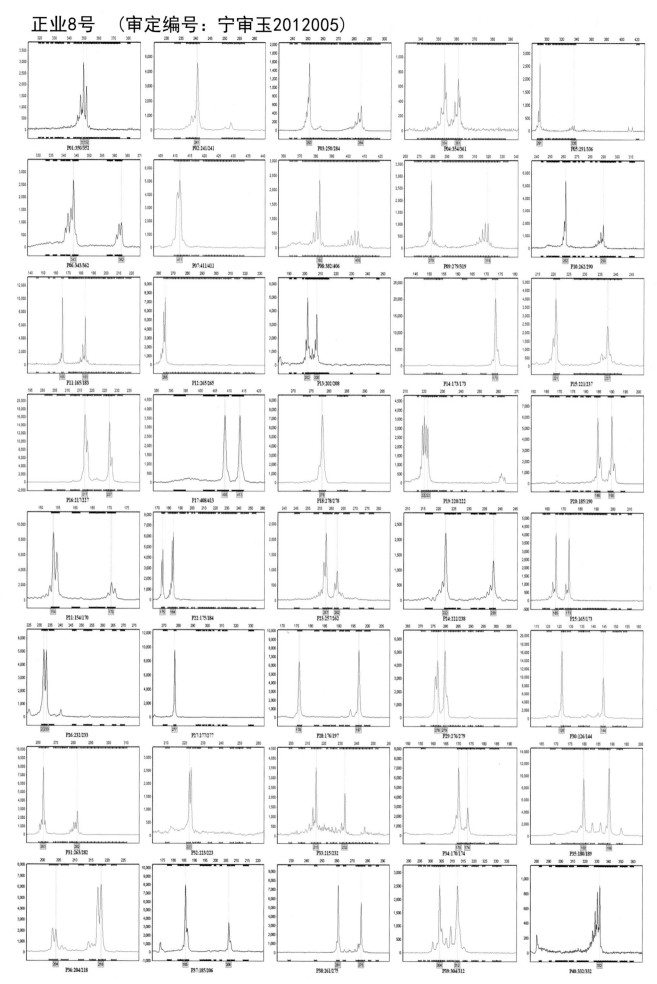

西蒙6号 （审定编号：宁审玉2012007）

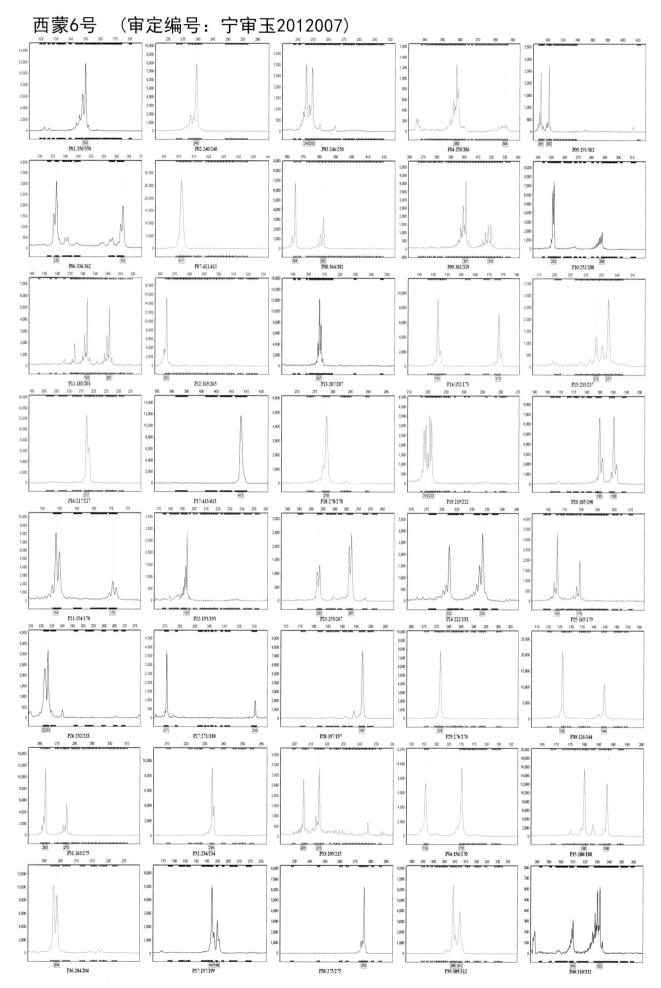

强盛16号 （审定编号：宁审玉2012008）

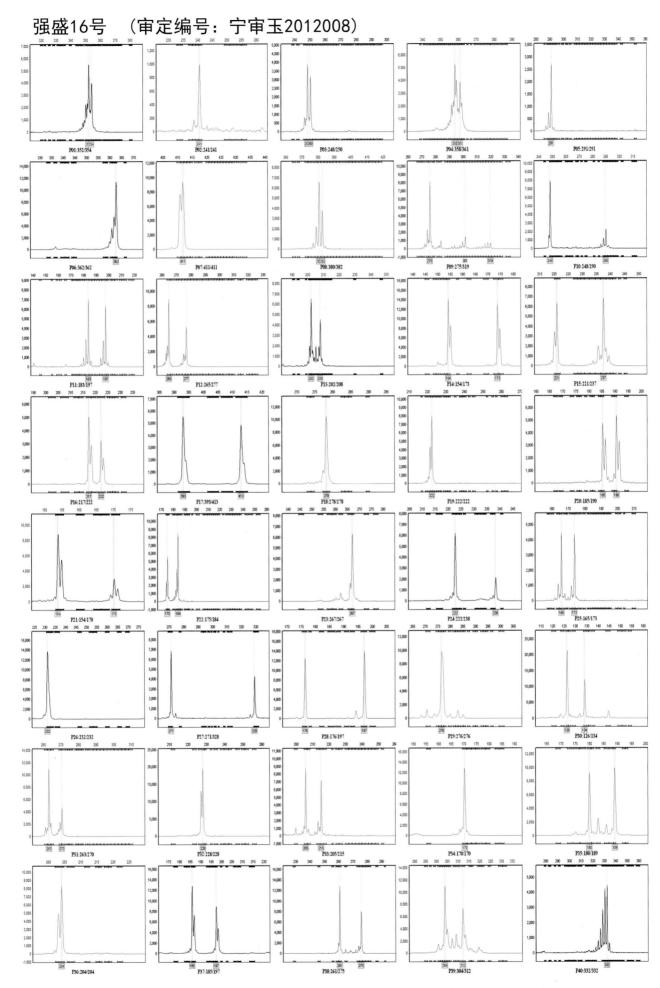

方玉36 （审定编号：宁审玉2012009）

P01:322/325　P02:241/241　P03:256/256　P04:348/348　P05:292/294

P06:336/336　P07:411/431　P08:382/408　P09:301/319　P10:252/262

P11:185/187　P12:275/293　P13:213/213　P14:173/173　P15:221/237

P16:202/217　P17:393/393　P18:278/285　P19:222/222　P20:178/185

P21:154/154　P22:175/211　P23:245/267　P24:232/233　P25:165/173

P26:232/254　P27:297/328　P28:176/176　P29:276/279　P30:126/144

P31:263/265　P32:226/228　P33:207/244　P34:170/170　P35:183/183

P36:215/219　P37:197/206　P38:261/275　P39:309/312　P40:283/310

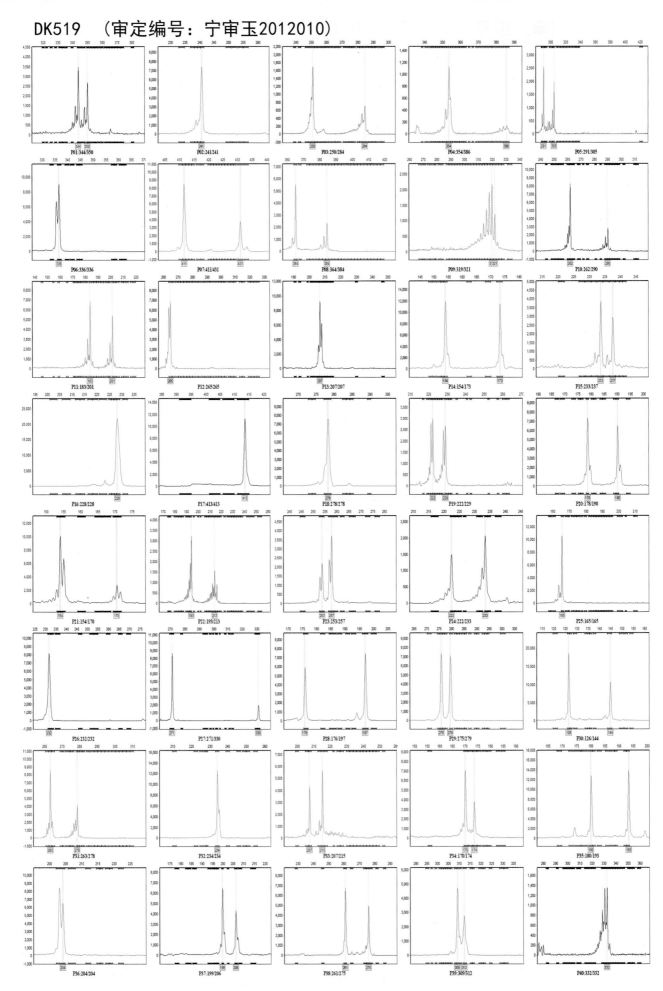

晋单52 （审定编号：宁审玉2012011）

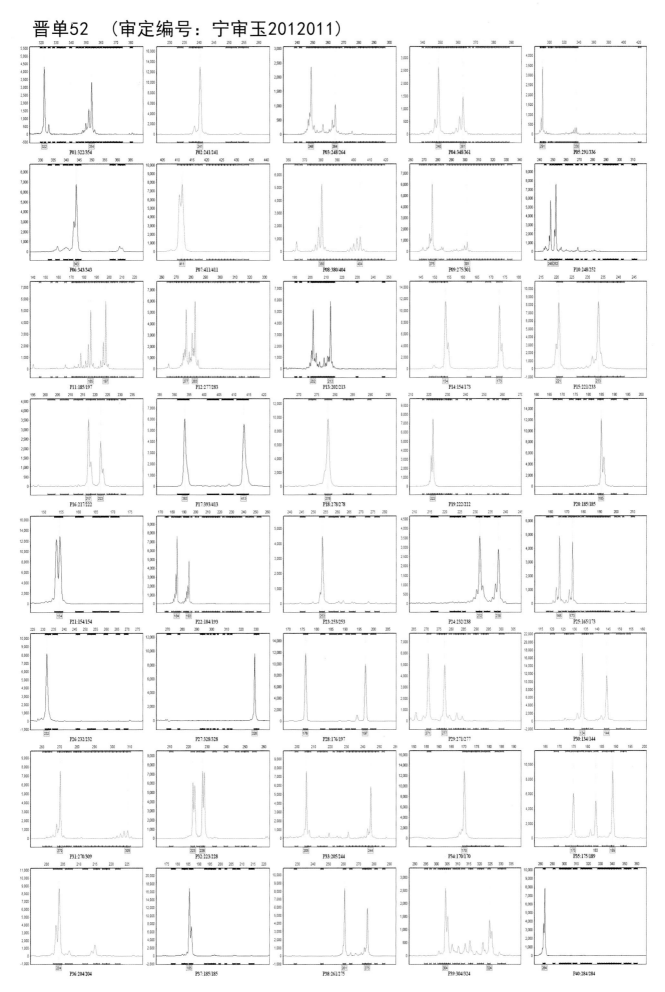

47

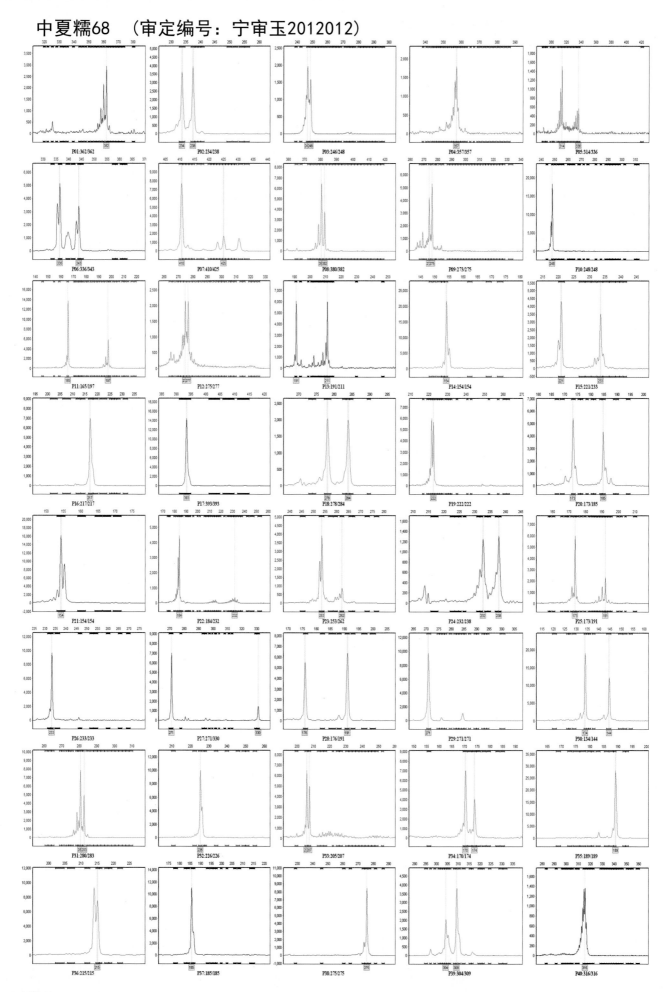

奥玉3616 （审定编号：宁审玉2012014）

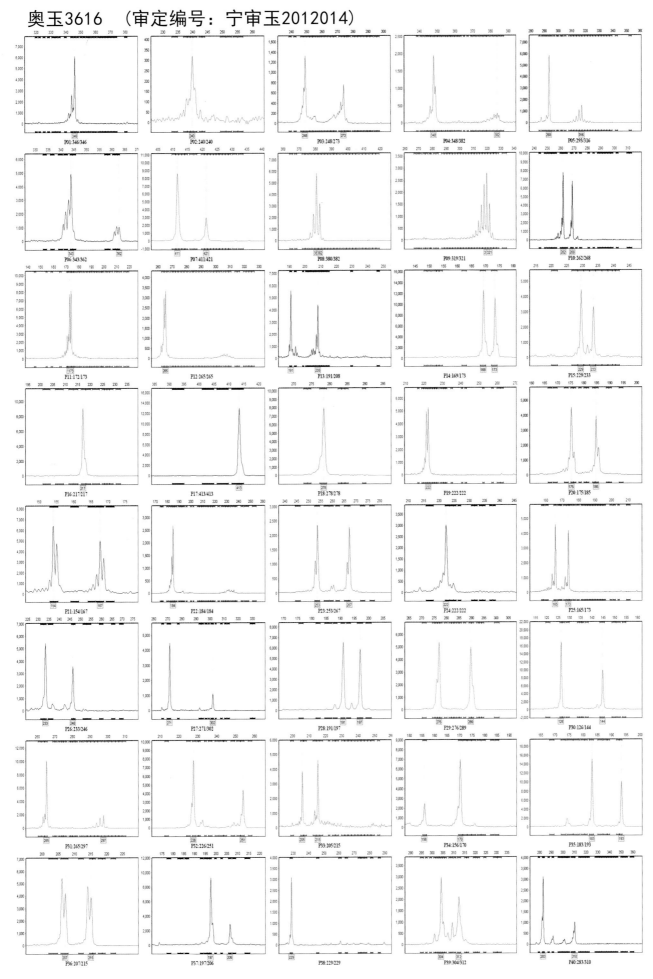

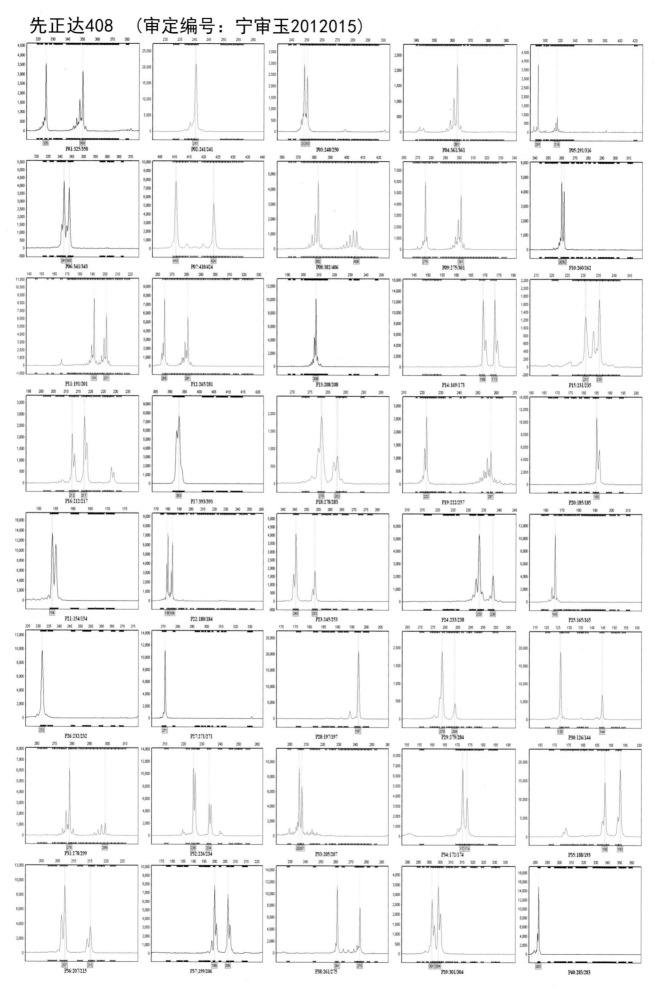

宁玉524 （审定编号：宁审玉2012017）

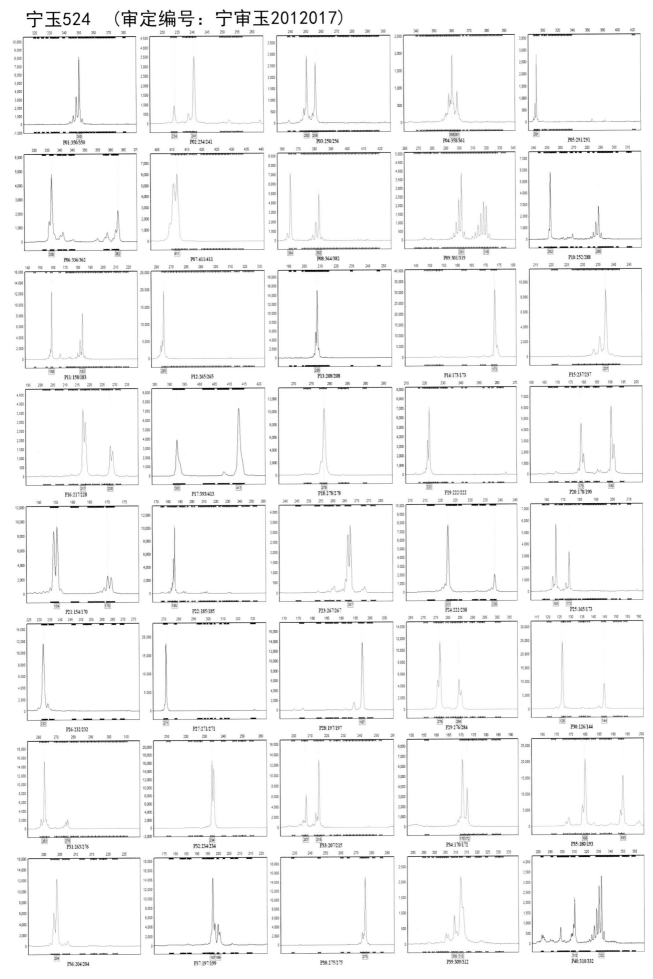

51

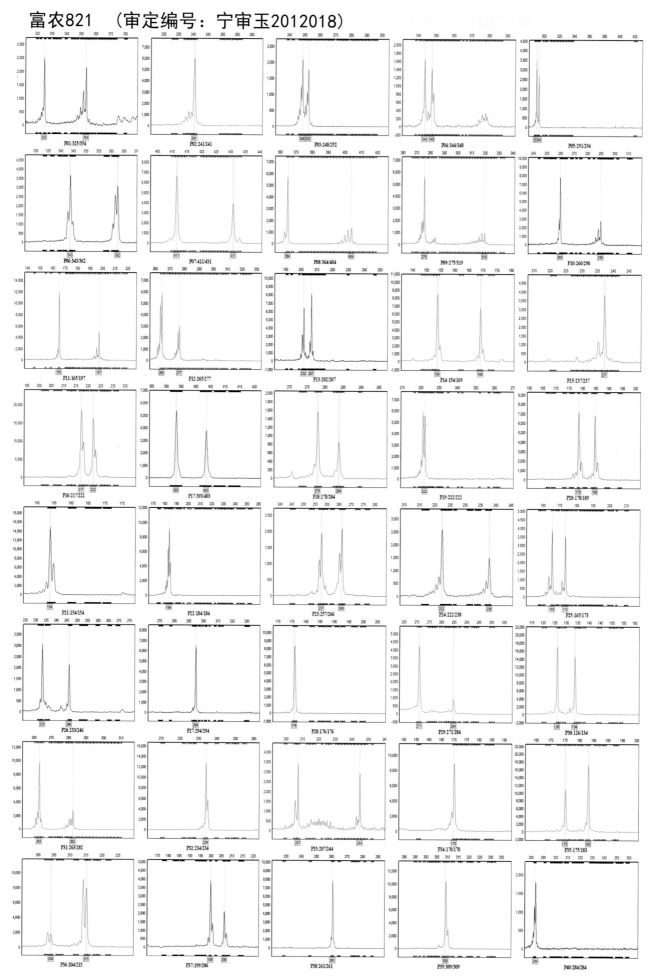

五谷704 （审定编号：宁审玉2012019）

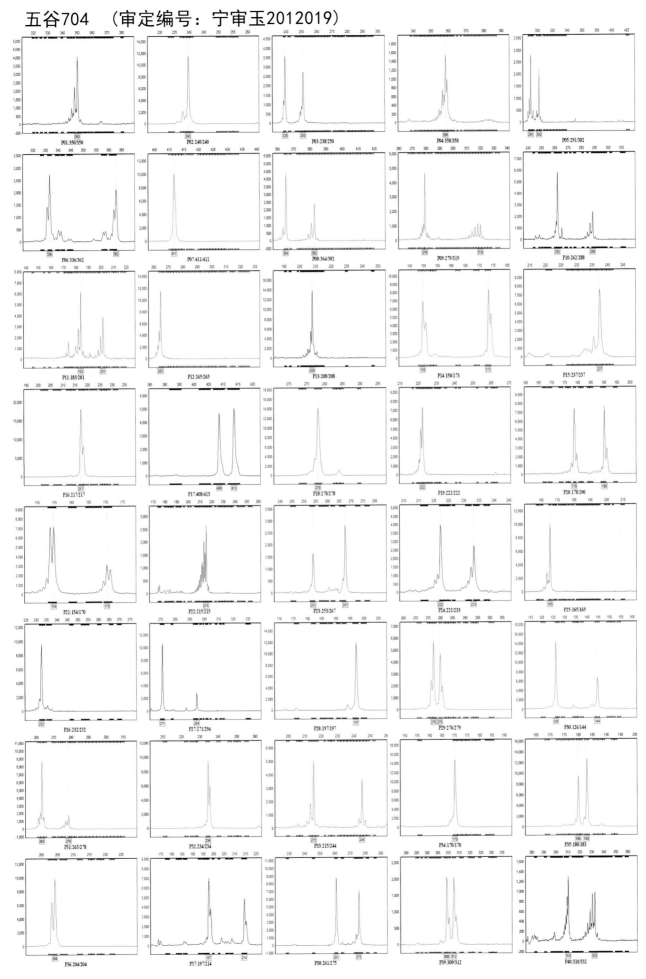

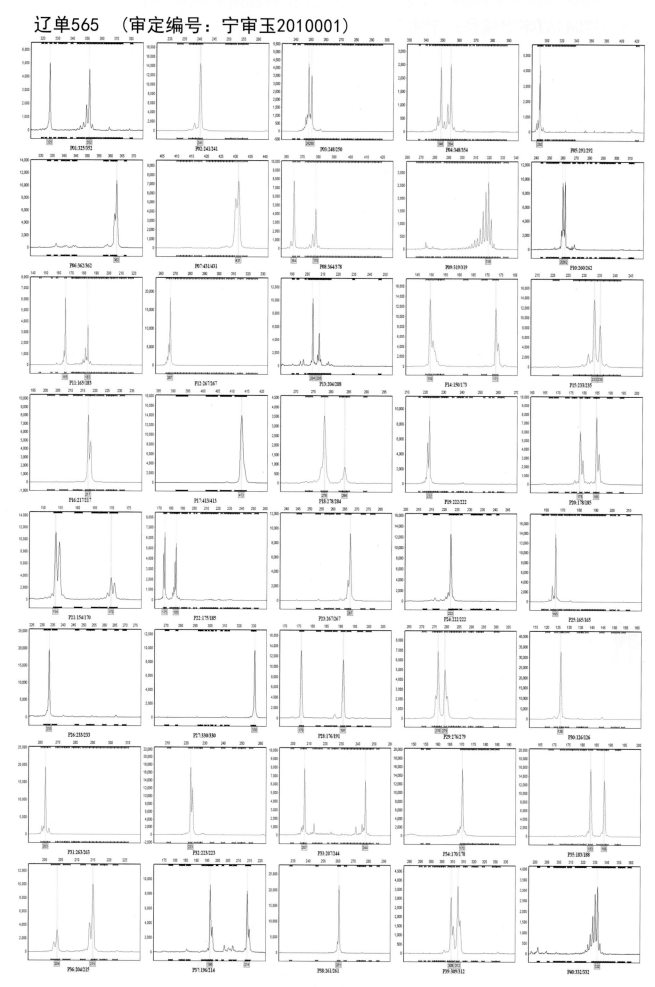

新引KXA4574 （审定编号：宁审玉2010002）

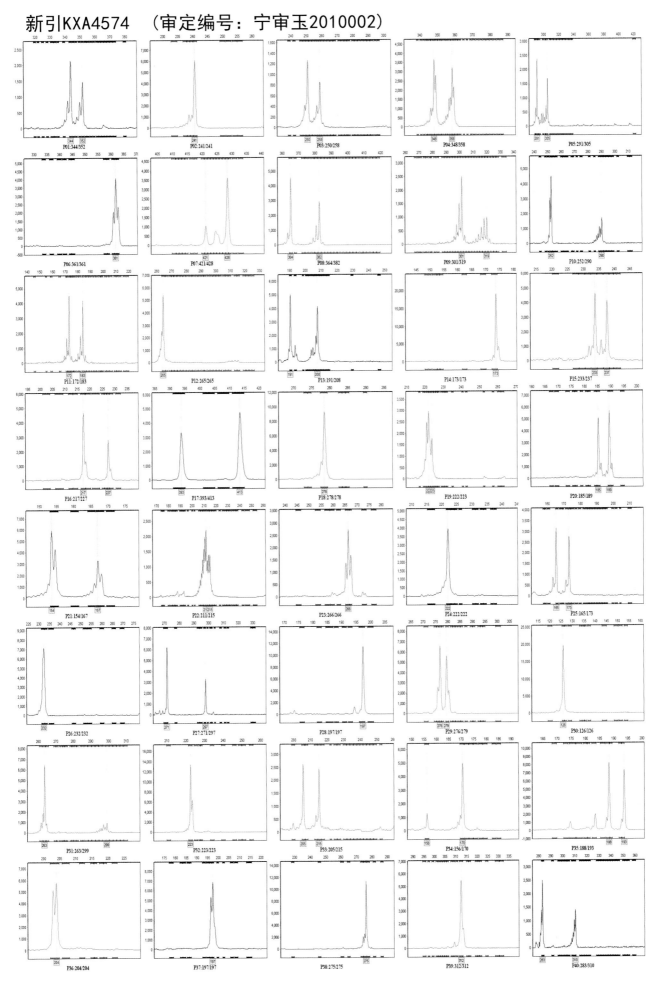

西蒙5号 （审定编号：宁审玉2010003）

P01:350/350　P02:241/241　P03:256/284　P04:348/361　P05:292/336
P06:343/343　P07:410/431　P08:364/404　P09:279/301　P10:252/252
P11:165/173　P12:265/307　P13:202/208　P14:152/173　P15:221/237
P16:217/217　P17:393/408　P18:278/285　P19:222/222　P20:185/185
P21:154/154　P22:175/184　P23:253/262　P24:232/238　P25:165/173
P26:233/233　P27:328/328　P28:176/176　P29:271/279　P30:126/144
P31:265/282　P32:226/226　P33:215/232　P34:156/170　P35:183/189
P36:207/215　P37:196/206　P38:261/275　P39:309/321　P40:283/318

56

KX3564　（审定编号：宁审玉2010004）

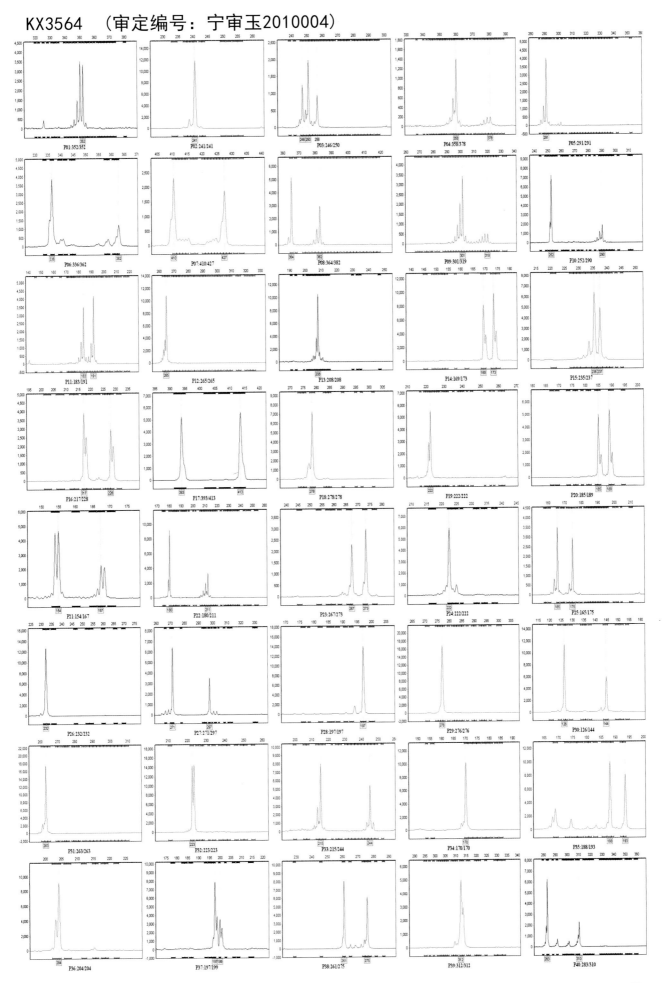

米卡多　（审定编号：宁审玉2010005）

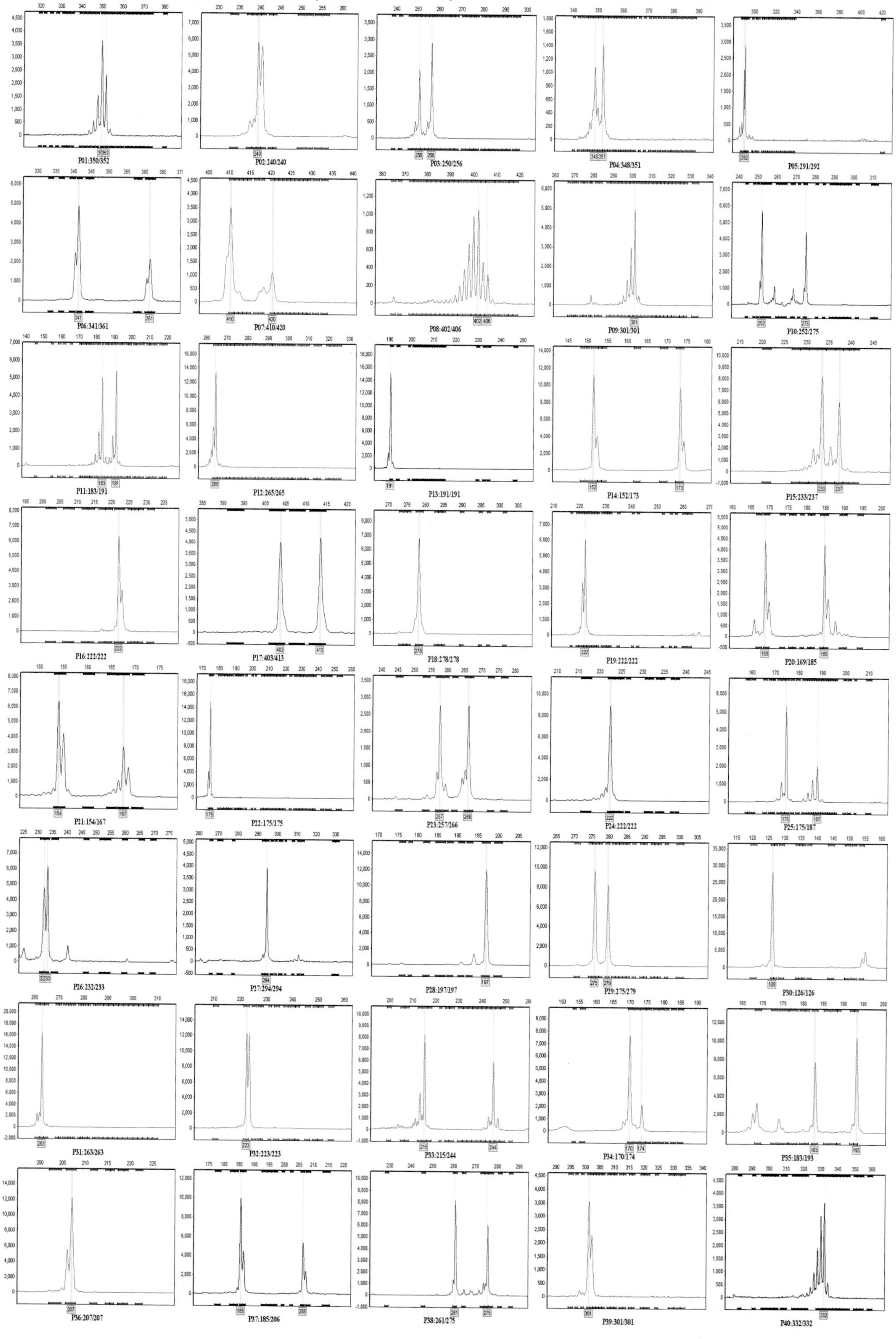

P01:350/352　P02:240/240　P03:250/256　P04:348/351　P05:291/292

P06:341/361　P07:410/420　P08:402/406　P09:301/301　P10:252/275

P11:183/191　P12:265/265　P13:191/191　P14:152/173　P15:233/237

P16:222/222　P17:403/413　P18:278/278　P19:222/222　P20:169/185

P21:154/167　P22:175/175　P23:257/266　P24:222/222　P25:175/187

P26:232/233　P27:294/294　P28:197/197　P29:275/279　P30:126/126

P31:263/263　P32:223/223　P33:215/244　P34:170/174　P35:183/193

P36:207/207　P37:185/206　P38:261/275　P39:301/301　P40:332/332

58

鲁单9067　（审定编号：宁审玉2010006）

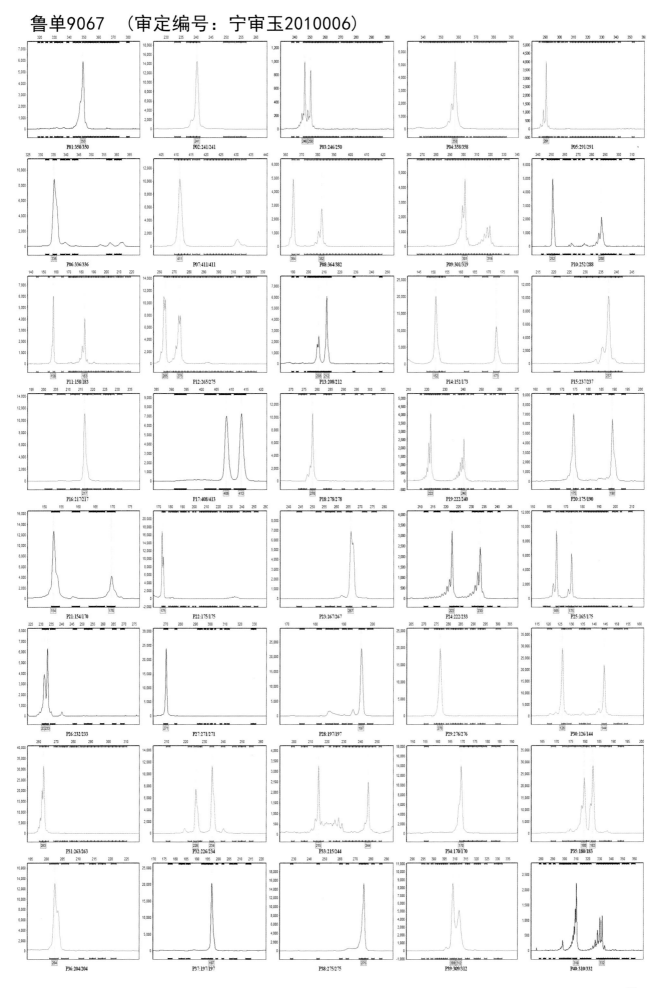

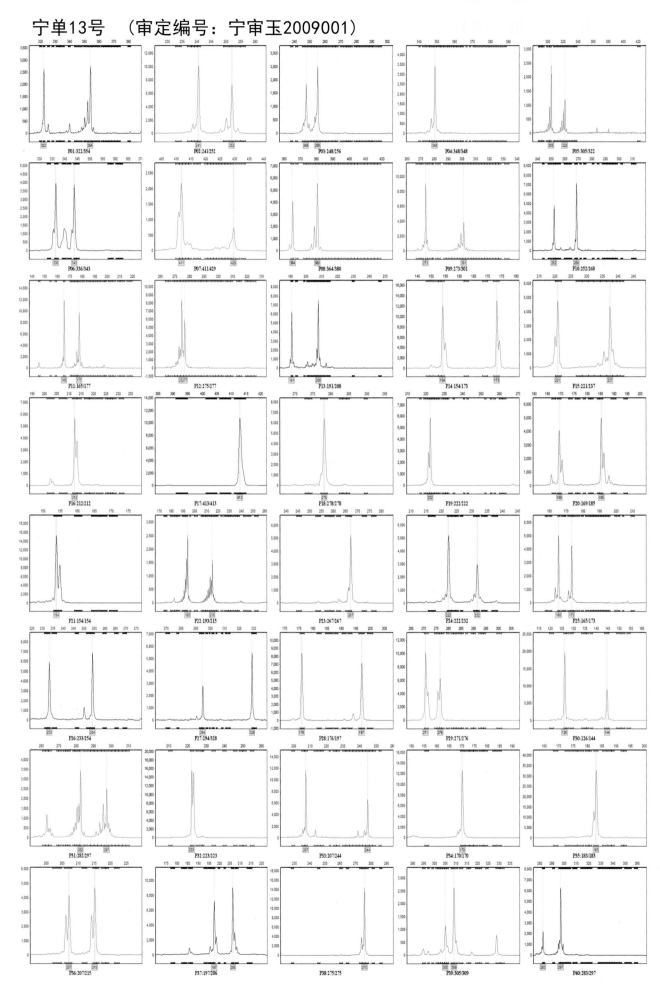

明玉2号　（审定编号：宁审玉2009002）

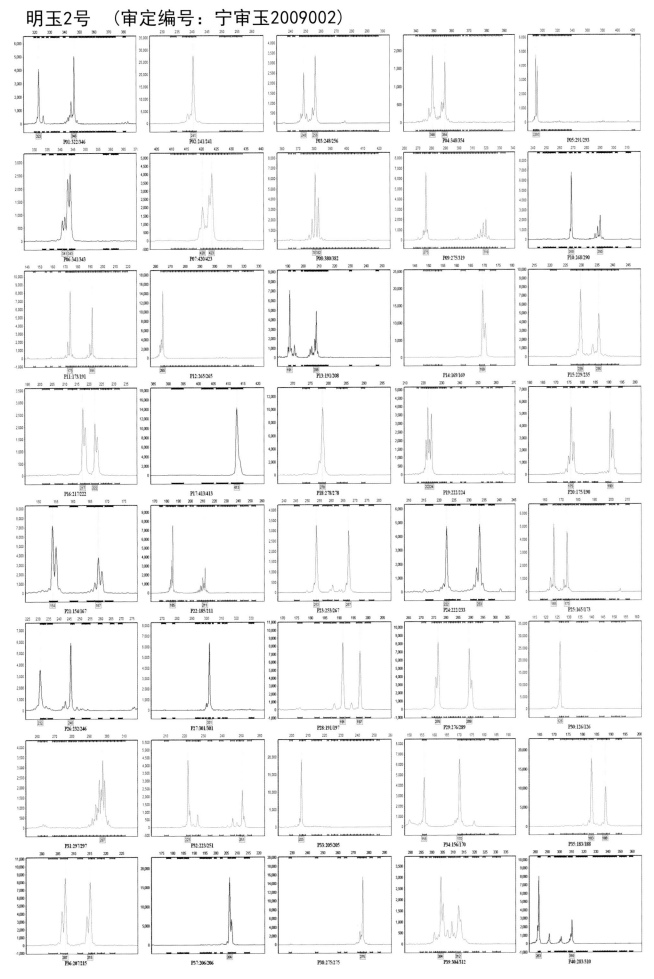

强盛12号 （审定编号：宁审玉2009003）

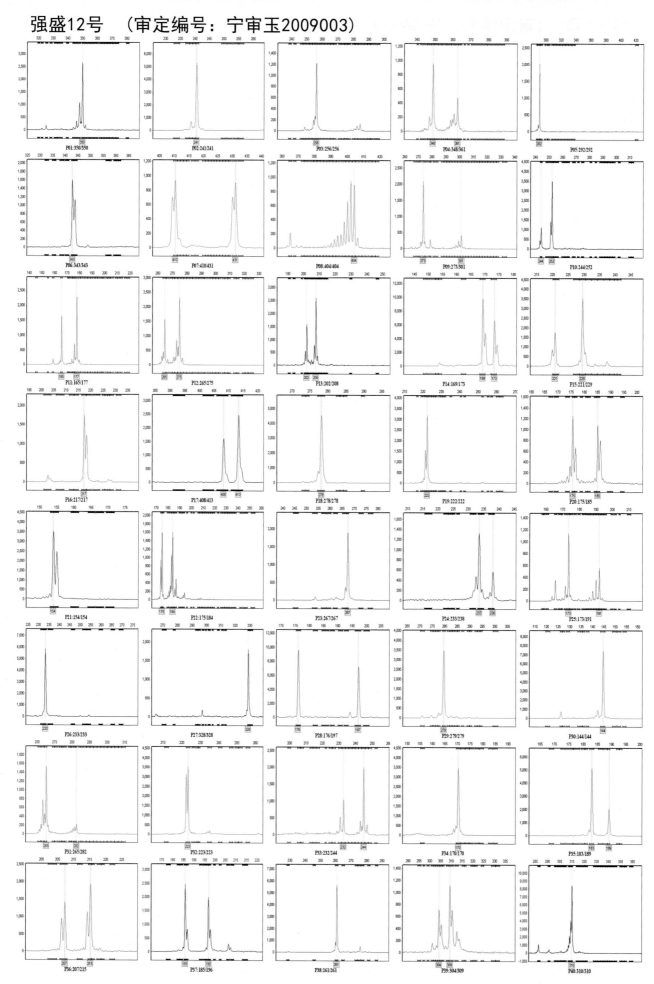

天泰15号 （审定编号：宁审玉2008001）

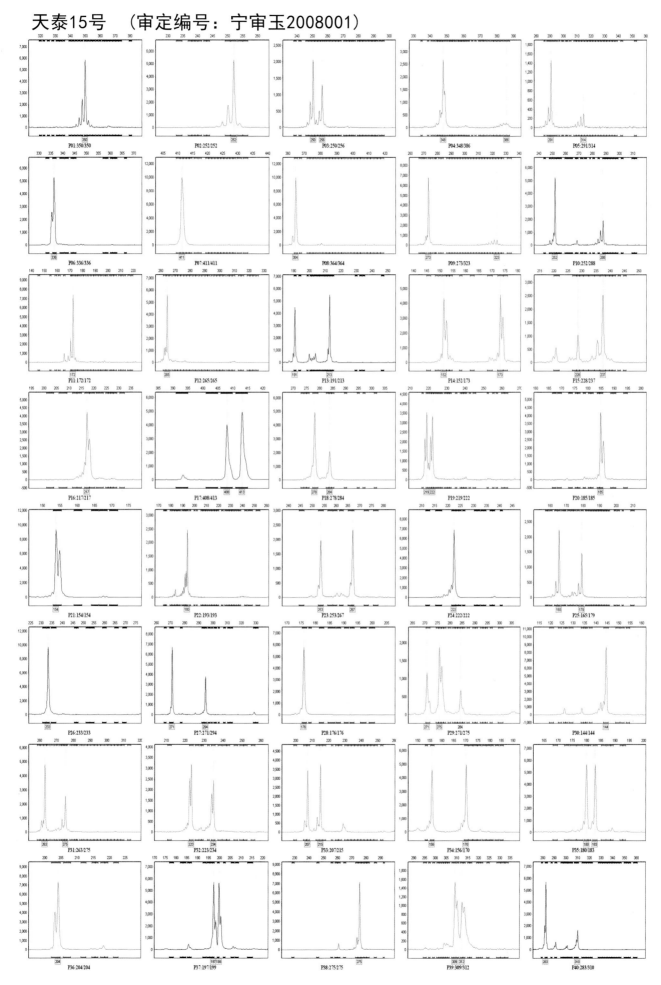

先玉335 （审定编号：宁审玉2008002）

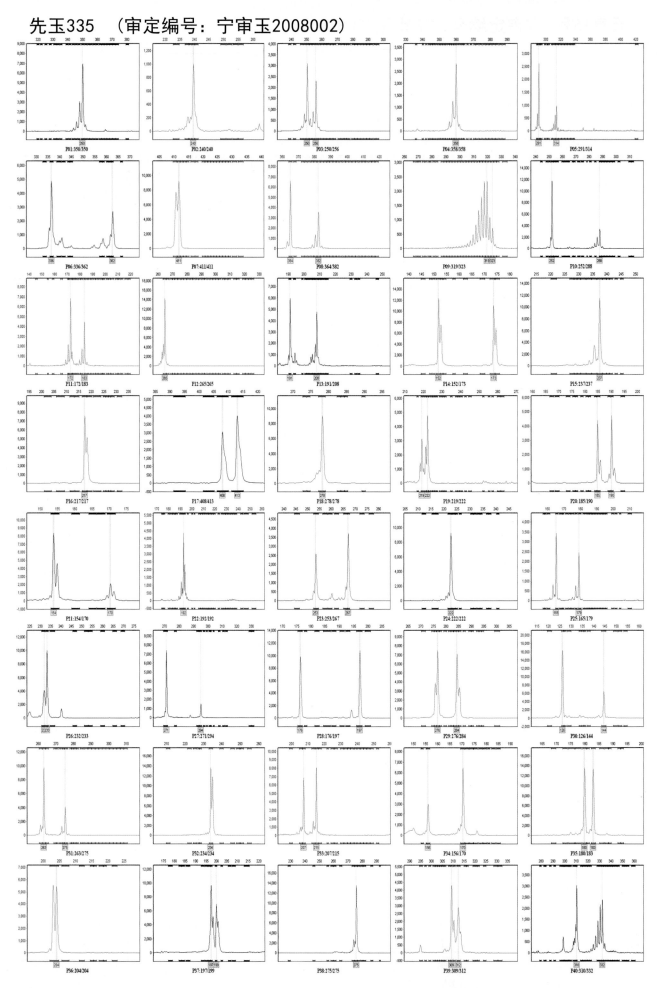

64

宁玉309　（审定编号：宁审玉2007002）

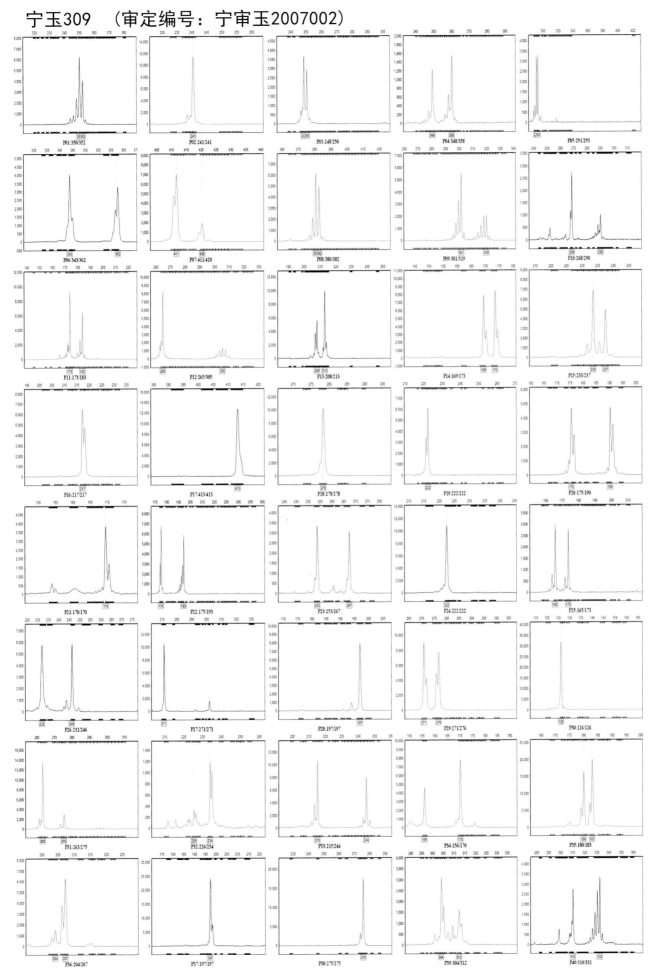

65

沈玉21号 （审定编号：宁审玉2007003）

P01:344/350　P02:241/241　P03:254/254　P04:358/361　P05:291/292

P06:336/343　P07:411/411　P08:364/382　P09:275/319　P10:252/252

P11:165/181　P12:275/299　P13:202/246　P14:169/173　P15:221/237

P16:217/217　P17:393/413　P18:278/284　P19:222/222　P20:178/190

P21:154/154　P22:192/211　P23:253/253　P24:233/238　P25:173/191

P26:232/233　P27:271/328　P28:176/197　P29:276/276　P30:126/134

P31:263/282　P32:226/226　P33:215/232　P34:170/170　P35:175/189

P36:204/215　P37:185/185　P38:261/275　P39:304/312　P40:310/332

长城799 （审定编号：宁审玉2007005）

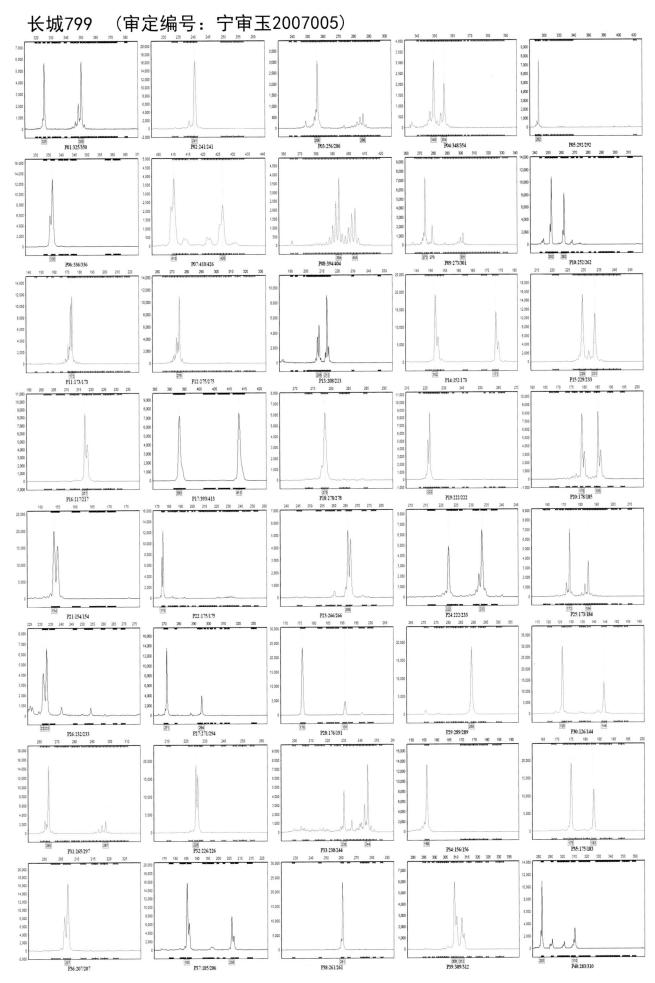

宁单12号 （审定编号：宁审玉2007006）

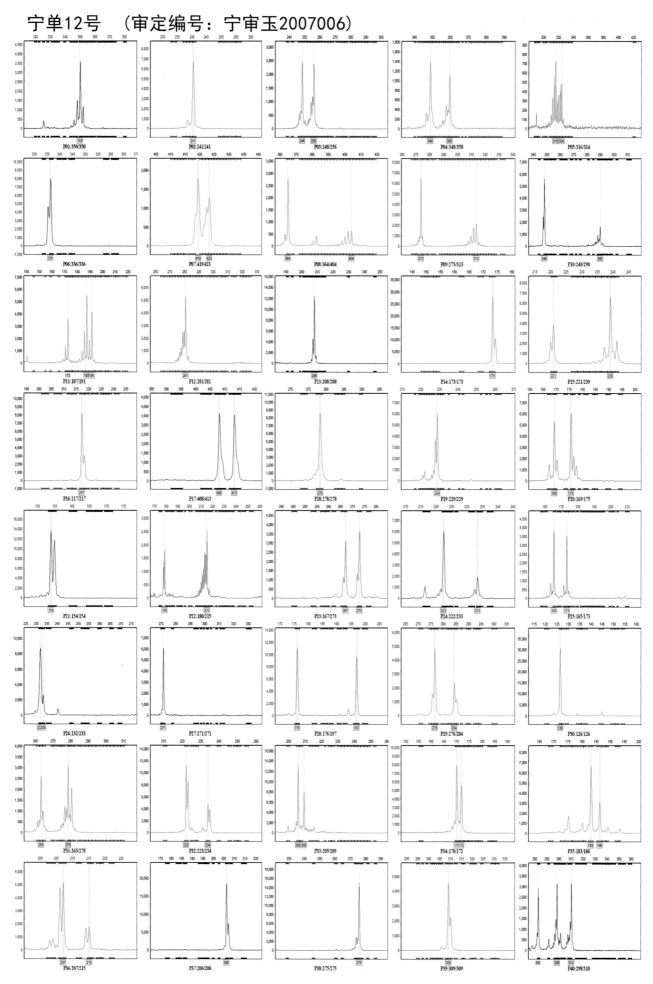

金穗9号 （审定编号：宁审玉2007007）

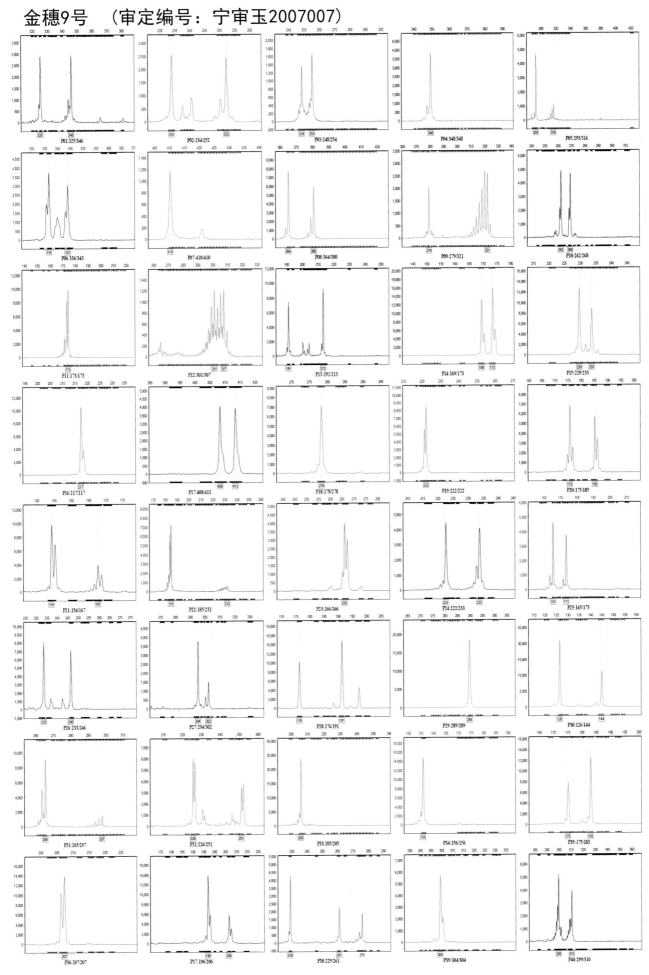

金穗6号 （审定编号：宁审玉2006002）

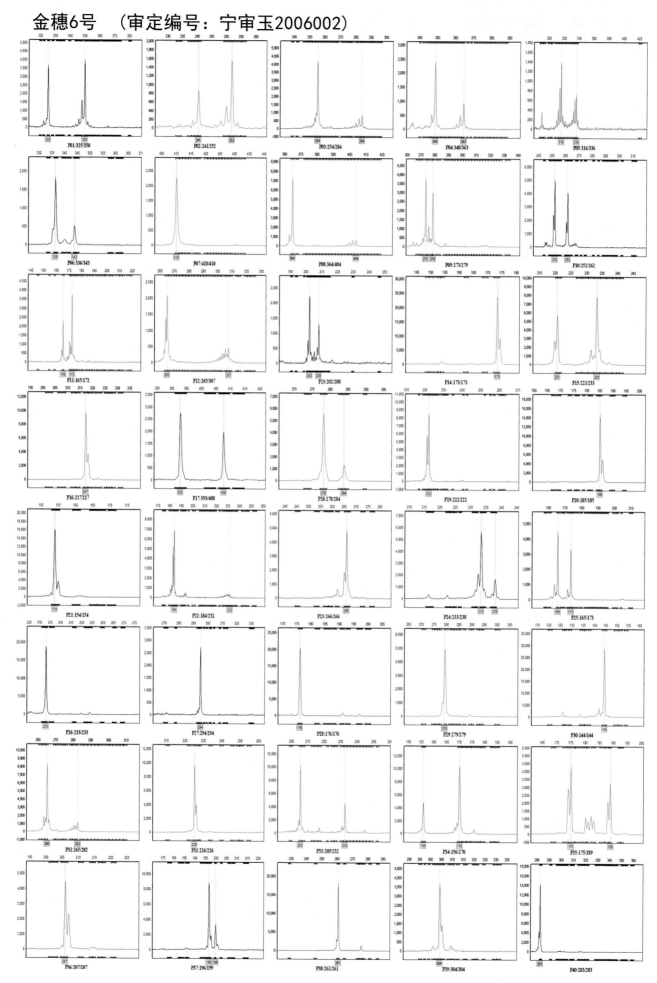

中玉9号 （审定编号：宁审玉2006003）

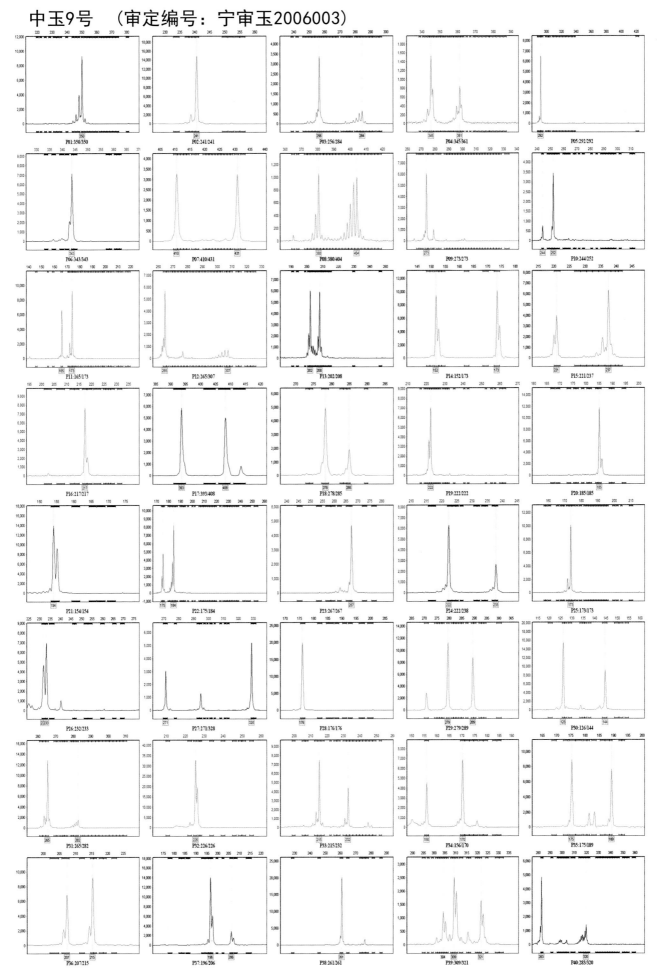

71

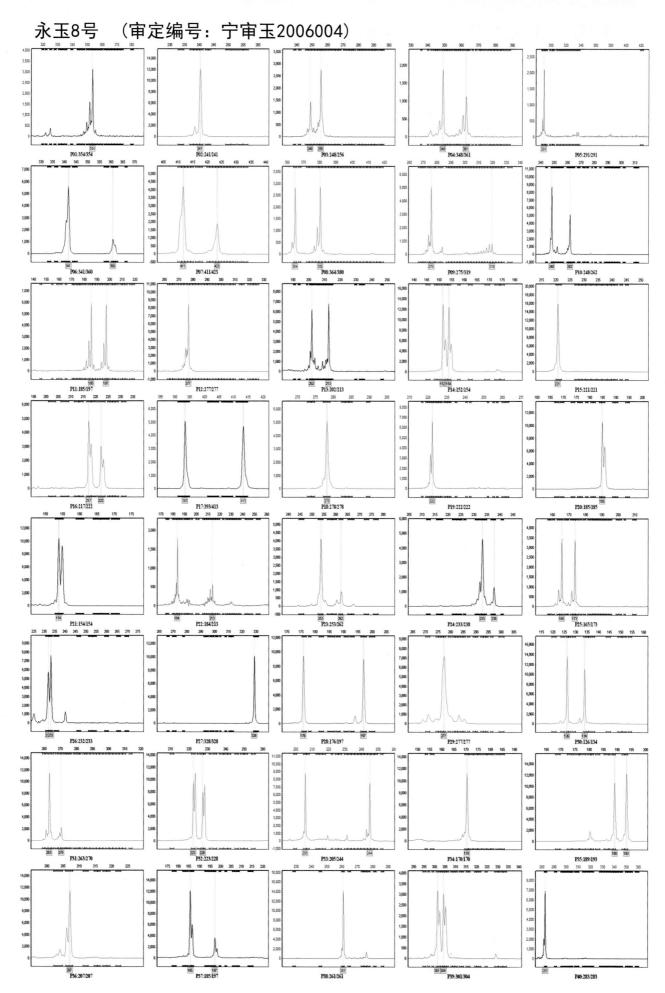

登海3639 （审定编号：宁审玉2006005）

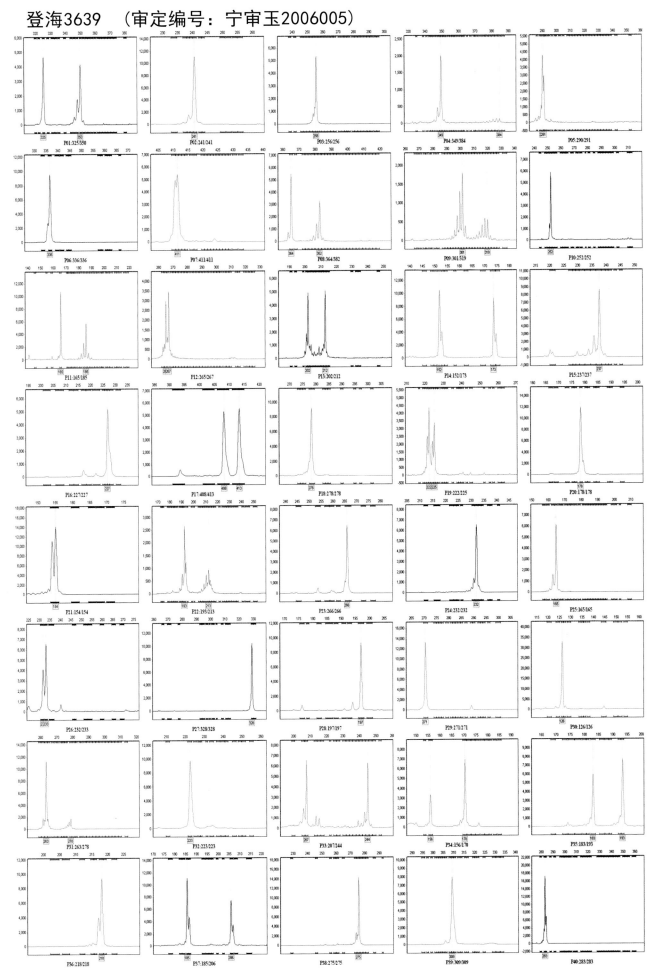

73

正大12号 （审定编号：宁审玉2006006）

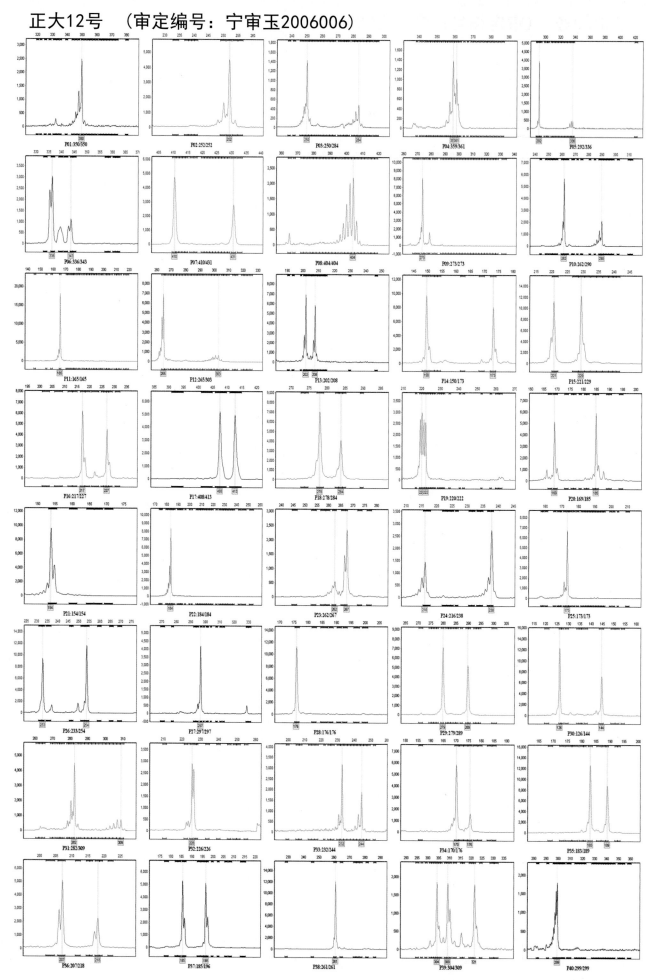

东单60号 （审定编号：宁审玉2005001）

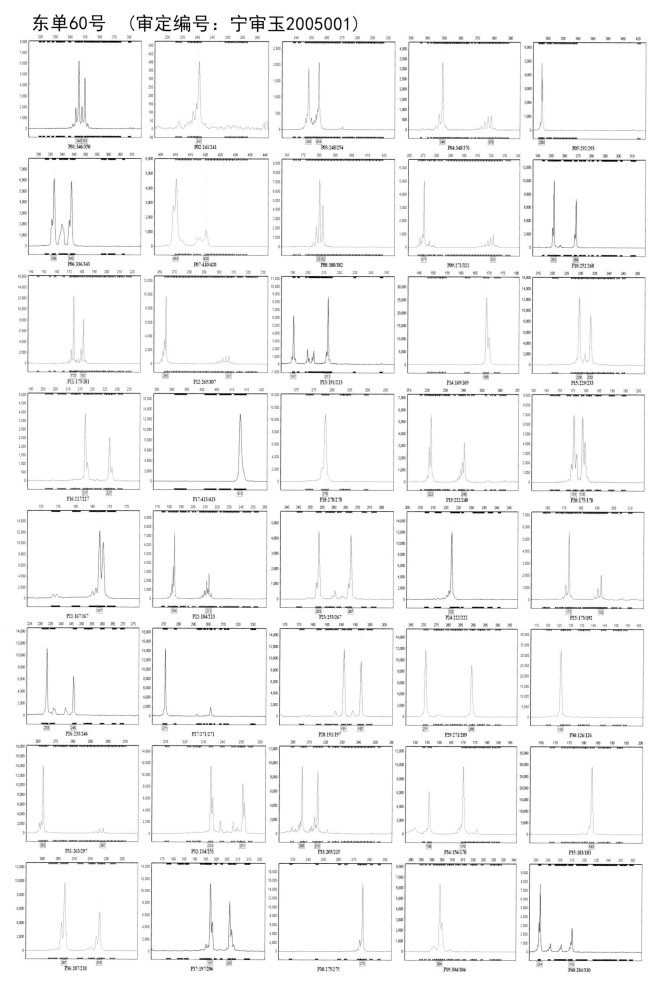

75

登海3702 （审定编号：宁审玉2005002）

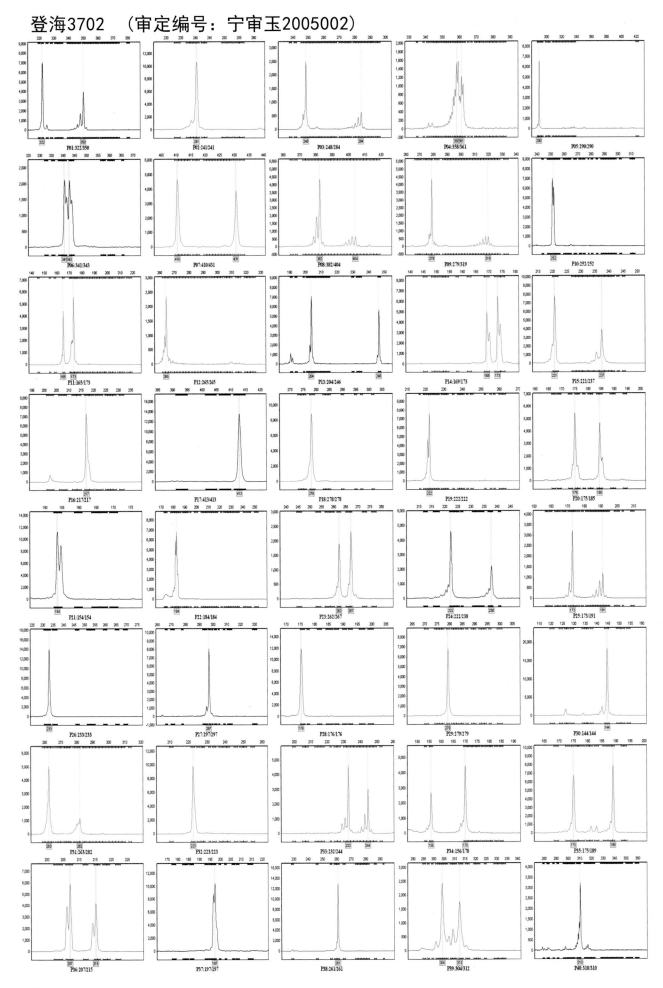

76

屯玉53号 （审定编号：宁审玉2005004）

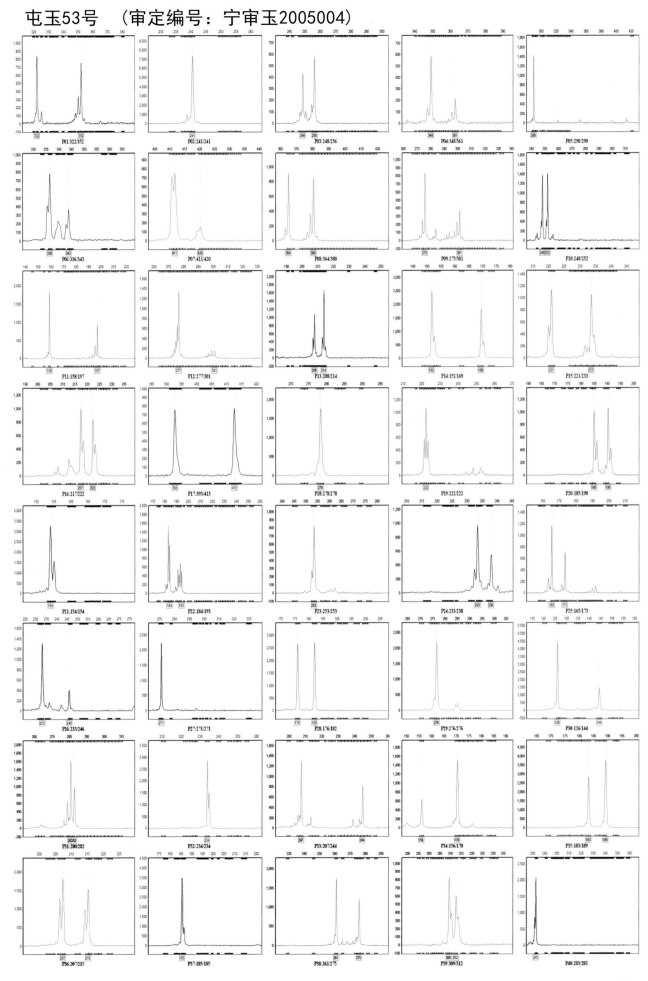

屯玉1号 （审定编号：宁审玉2003001）

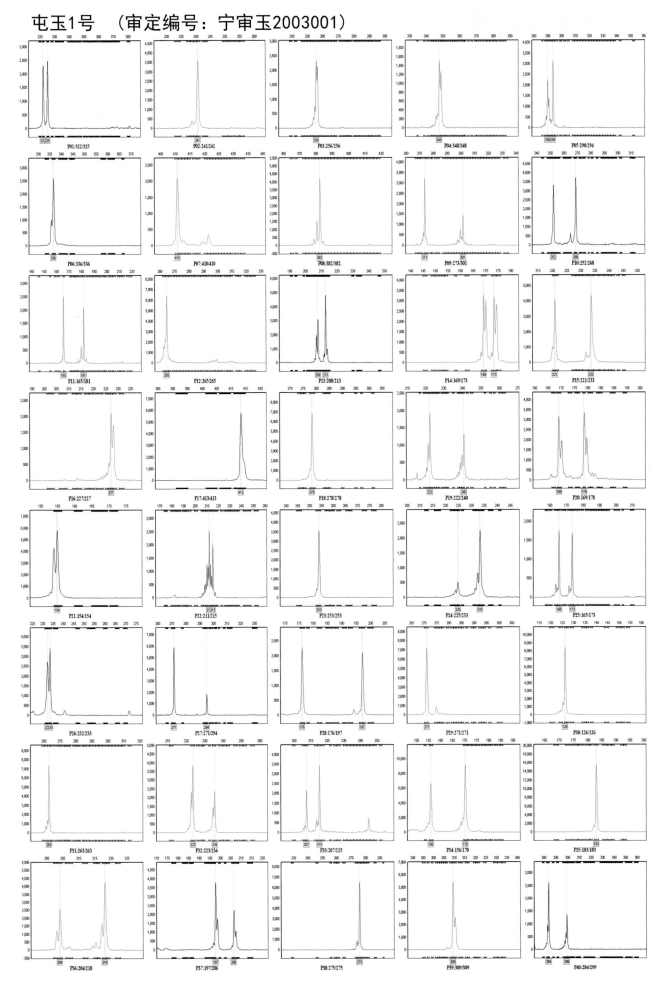

丹玉46号 （审定编号：宁审玉2003002）

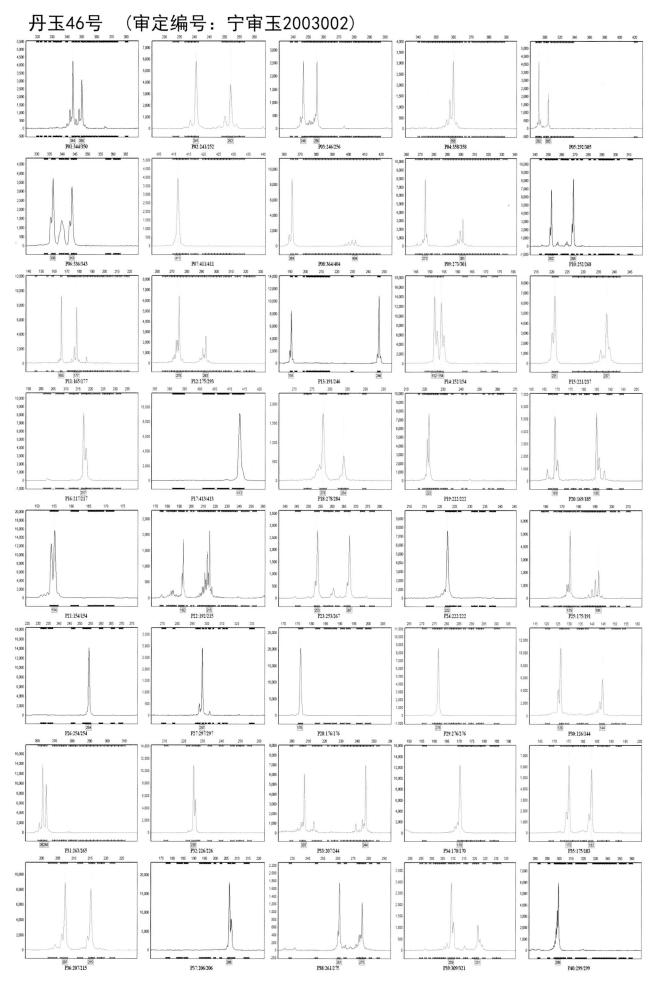

永玉3号 （审定编号：宁审玉2003005）

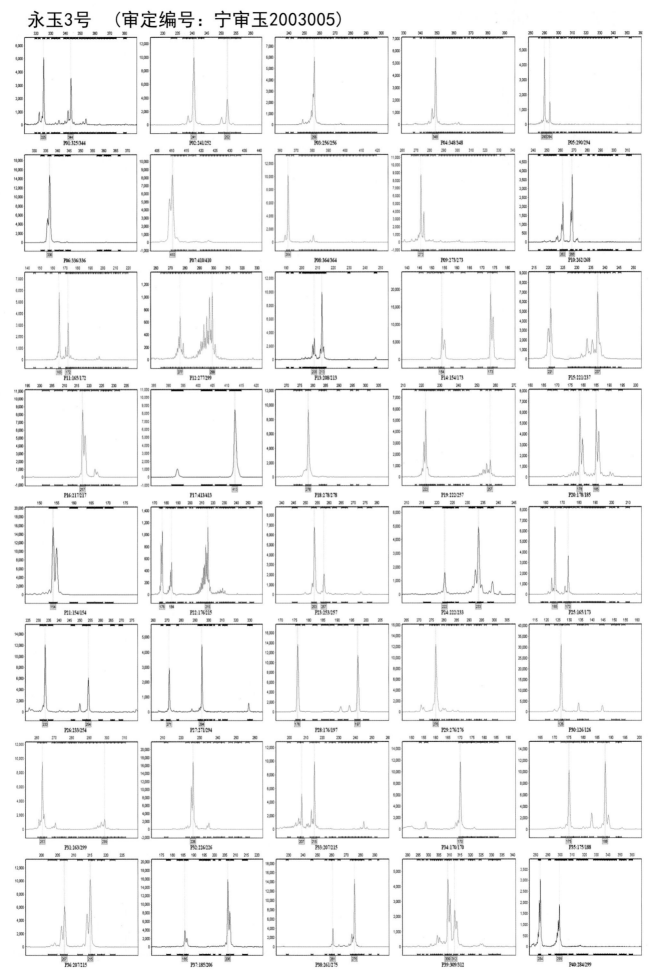

登海3672 （审定编号：宁审玉2003006）

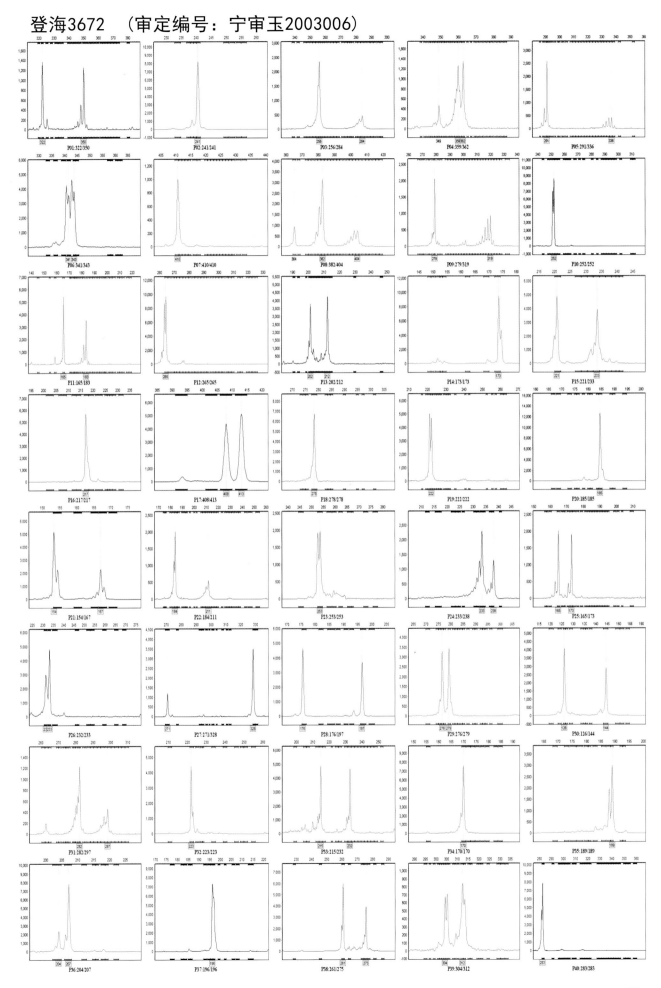

金穗1号 （审定编号：宁审玉2003008）

P01:350/350 P02:241/241 P03:256/284 P04:358/361 P05:322/336

P06:343/343 P07:411/411 P08:380/404 P09:273/301 P10:244/252

P11:165/177 P12:265/275 P13:202/246 P14:169/173 P15:221/237

P16:217/217 P17:393/408 P18:278/285 P19:222/222 P20:185/185

P21:154/154 P22:184/192 P23:267/267 P24:233/238 P25:173/191

P26:233/233 P27:294/294 P28:176/176 P29:279/289 P30:126/144

P31:282/297 P32:226/226 P33:232/244 P34:156/170 P35:183/189

P36:207/215 P37:185/196 P38:261/261 P39:304/312 P40:310/310

中单9409　（审定编号：宁审玉2003009）

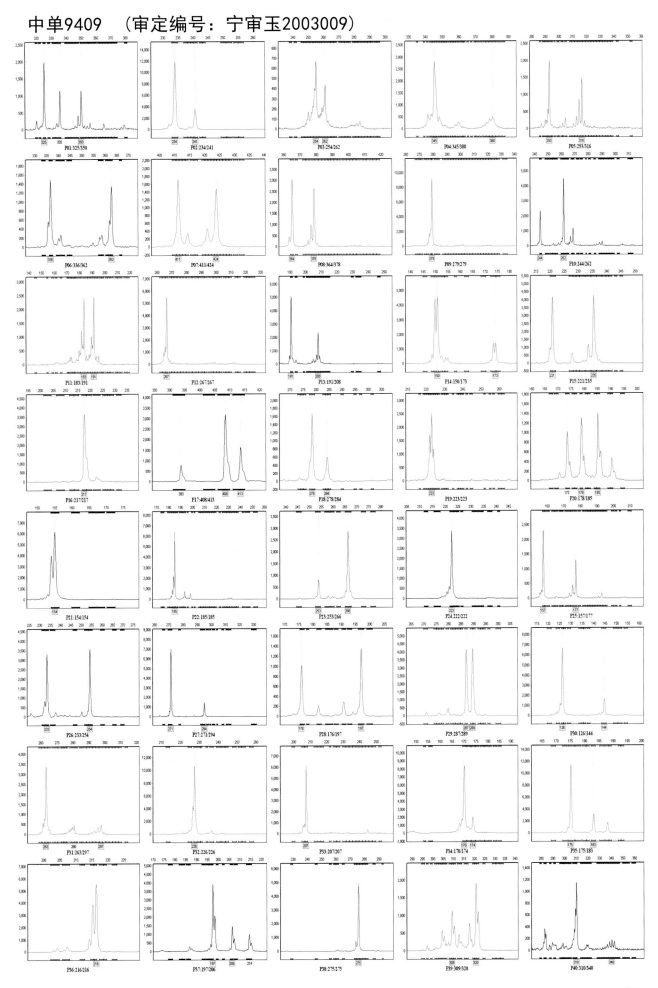

宁单10号 （审定编号：宁审玉2003010）

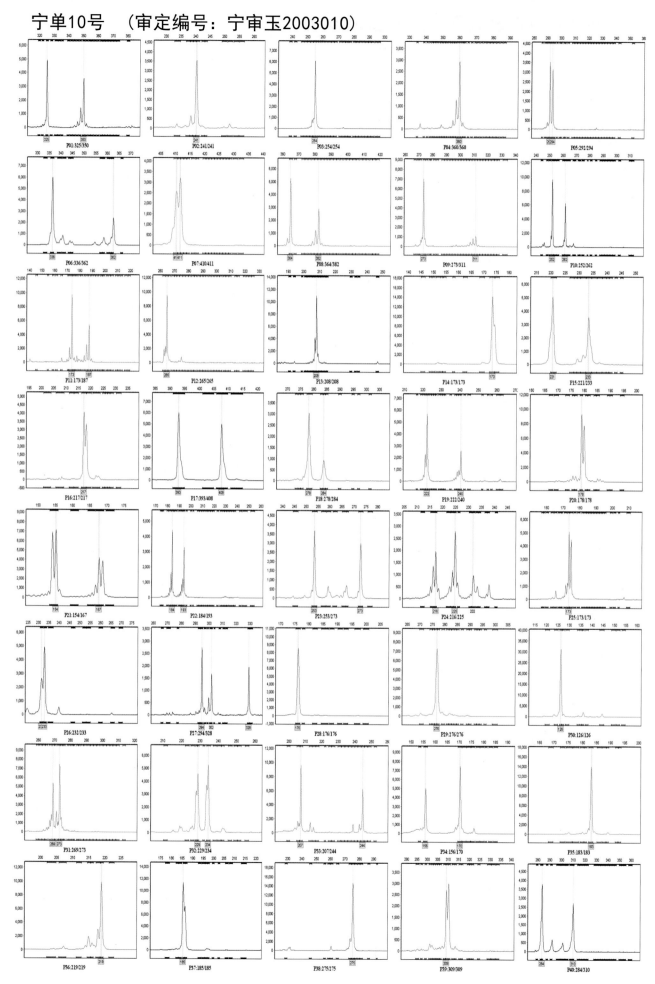

晋单33号 　（审定编号：宁审玉200202）

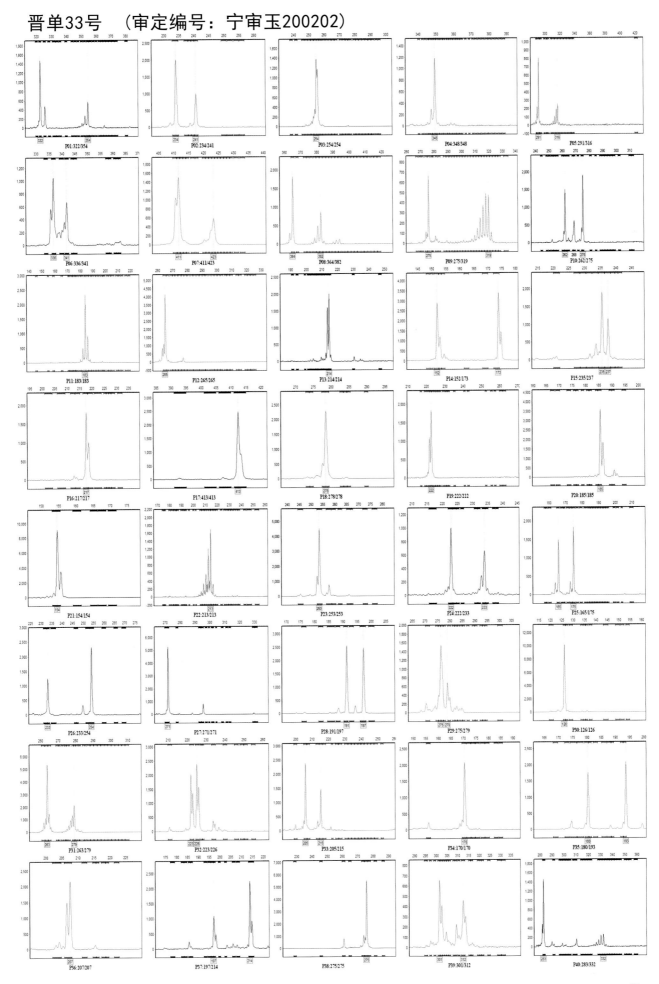

中单5485 （审定编号：宁审玉200203）

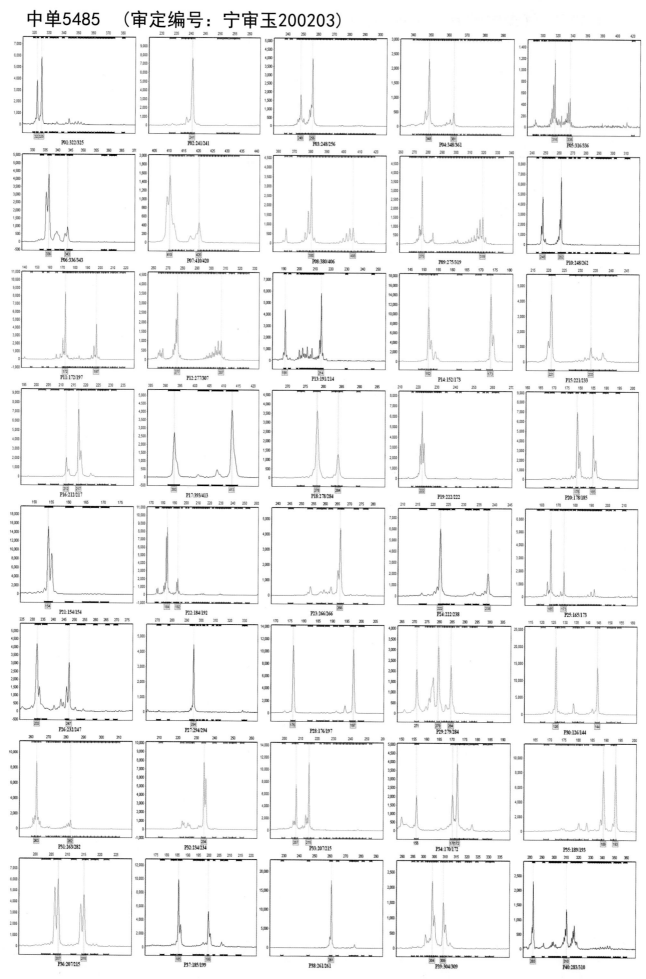

沈单16 （审定编号：宁审玉200204）

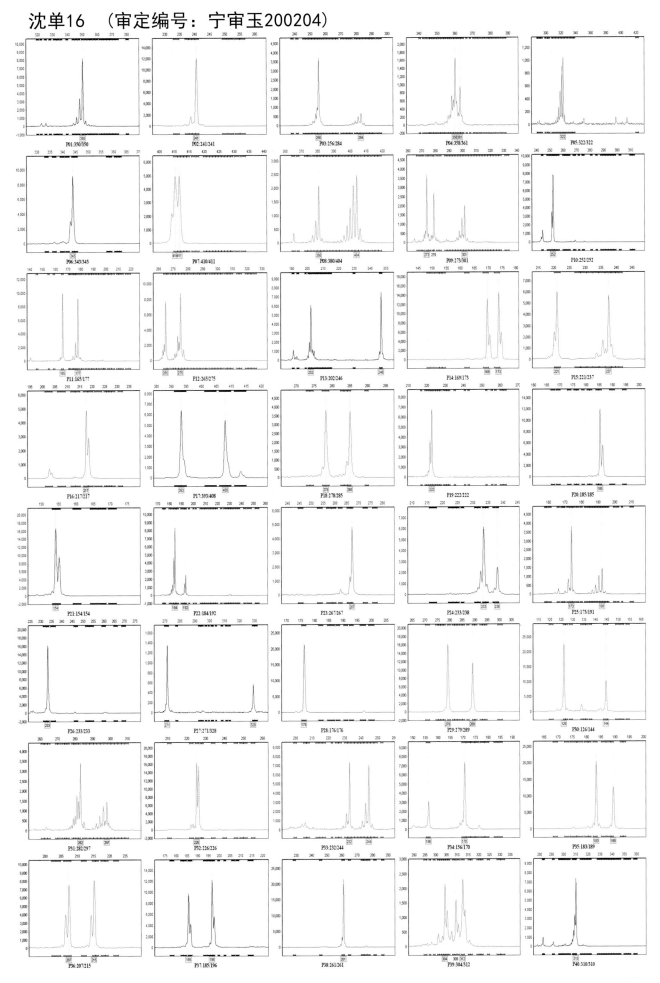

87

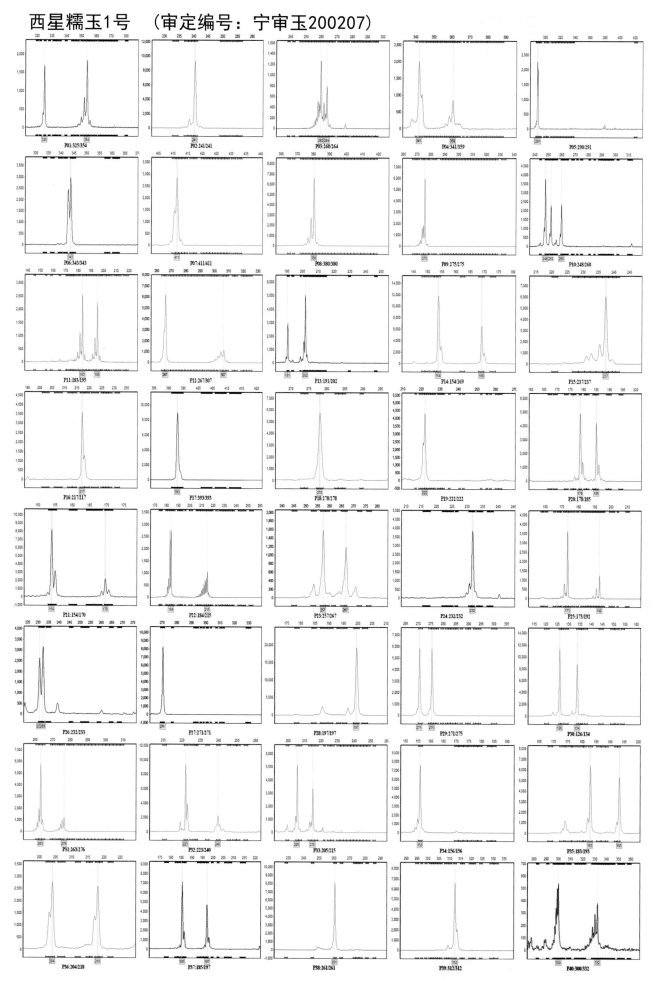

万粘3号 （审定编号：宁审玉200208）

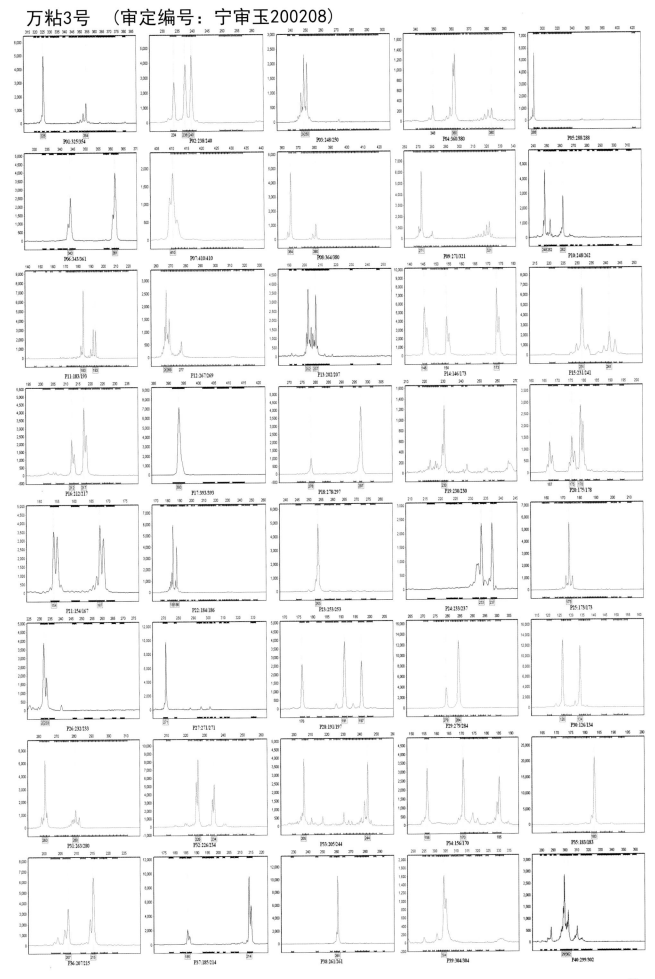

垦粘1号 （审定编号：宁审玉200209）

P01:350/362
P02:238/238
P03:246/248
P04:356/361
P05:330/336
P06:343/343
P07:425/431
P08:380/380
P09:275/319
P10:248/262
P11:183/197
P12:265/277
P13:191/202
P14:154/154
P15:221/239
P16:212/222
P17:393/393
P18:278/284
P19:222/222
P20:167/185
P21:154/154
P22:184/186
P23:253/253
P24:222/238
P25:173/192
P26:233/246
P27:294/294
P28:176/191
P29:284/284
P30:126/134
P31:280/282
P33:234/234
P33:207/213
P34:170/174
P35:189/193
P36:215/215
P37:185/197
P38:261/275
P39:306/306
P40:300/300

90

登海1号 　（审定编号：宁种审2011）

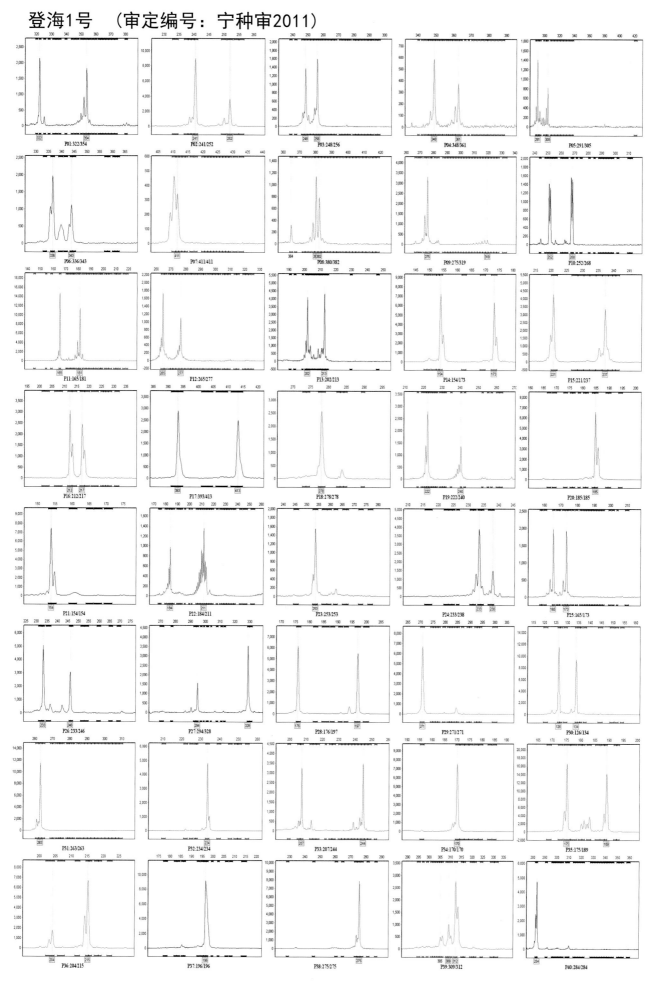

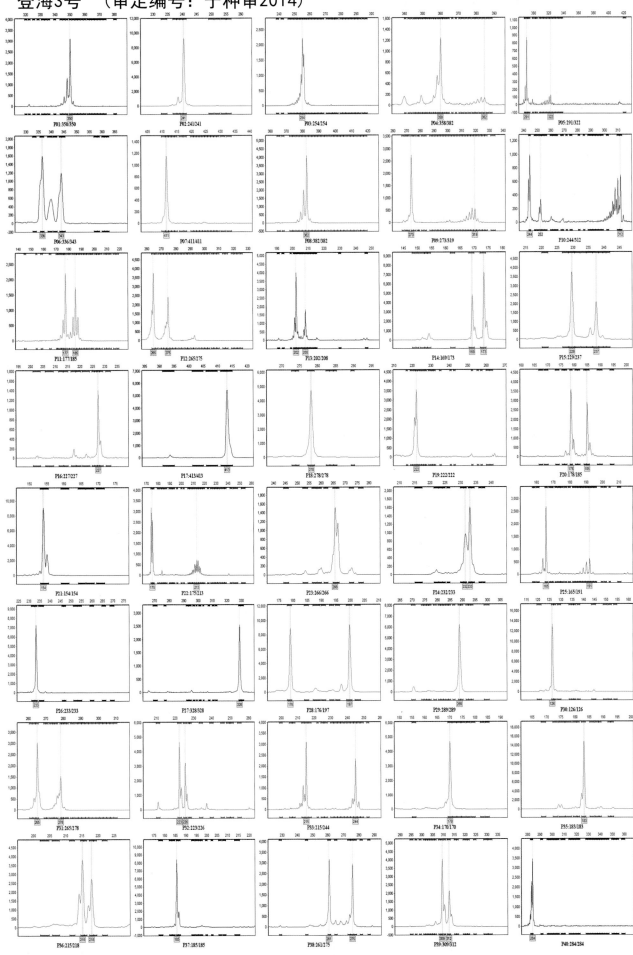

丹玉13号 （审定编号：宁种审9015）

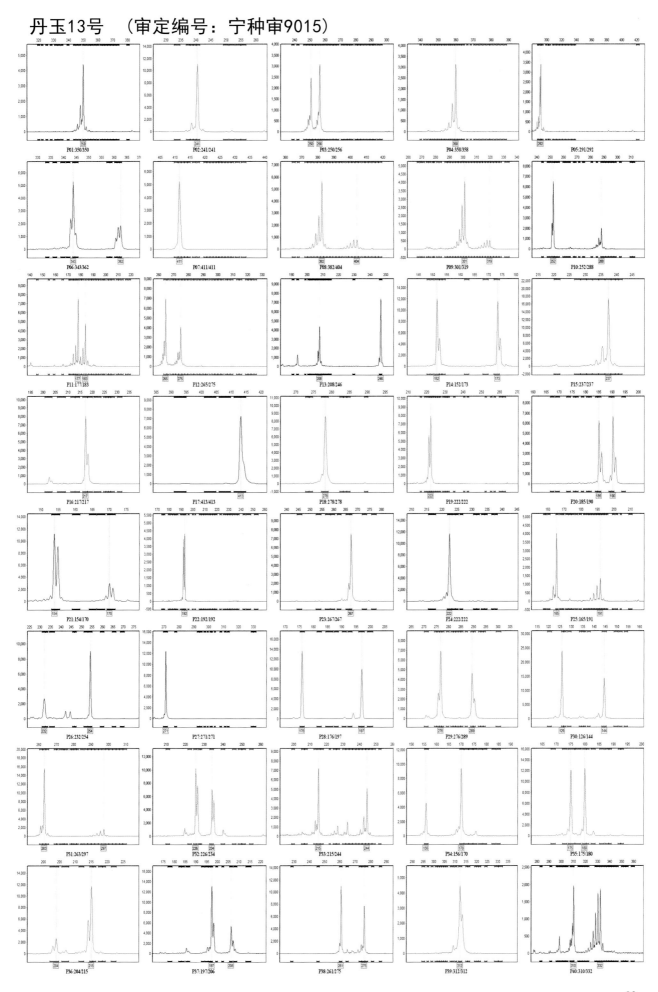

93

第二部分 品种审定公告

第二部分　品味甯世公书

宁单 22 号

审定编号：宁审玉2015001

选育单位：宁夏科河种业有限公司杂交选育而成。

品种来源：KH964×KH85

特征特性：幼苗叶鞘红色，叶片深绿，株型紧凑，全株 21 片叶，株高 280cm，穗位高 110cm，雄穗分枝 7～8 个，颖壳绿色，花药黄色，雌穗花丝粉色，果穗筒形，穗长 17.7cm，穗粗 5.1cm，穗行数 16～20 行，行粒数 38 粒，单穗粒重 195g，百粒重 36g，出籽率 85.4%，穗轴白色，籽粒黄色、半马齿型。2013 年农业部谷物品质监督检验测试中心测定：容重 767g/L，粗蛋白质 8.88%，粗脂肪 4.25%，粗淀粉 74.79%，赖氨酸 0.30%。生育期 135 天，与对照先玉 335 同期，属中晚熟杂交品种。2013 年中国农业科学院作物科学研究所抗性接种鉴定：抗大斑病、小斑病、茎腐病，感矮花叶病，高感丝黑穗病、玉米螟。该品种幼苗长势强，雄穗花粉量大，抗倒伏，活秆成熟，但高感丝黑穗病、玉米螟，感矮花叶病。

产量表现：2011 年区域试验平均亩产 1079.9kg，较对照先玉 335 增产 10.82%，极显著；2012 年区域试验平均亩产 1065.4kg，较对照平均值增产 5.8%；两年区域试验平均亩产 1072.7kg，平均增产 8.3%。2013 年生产试验平均亩产 989.2kg，较对照先玉 335 增产 6.6%。

栽培技术要点：（1）播种：播种期 4 月 10 日，机械或人工播种，播深 5～7cm，注意保墒。（2）合理密植：单种，采用宽窄行，宽行 80cm，窄行 40cm，株距 20cm，亩密度 5500 株。（3）施肥：重施农家肥，化肥氮磷钾按测土配方施肥标准分期追施。（4）病虫害防治：种子包衣或苗期喷施抗病毒类农药可有效防治矮花叶病、丝黑穗病；大喇叭口期心叶投颗粒杀虫剂防玉米螟。（5）适时收获：收获时间不宜过早，最好在 9 月 20 日之后。

适宜种植地区：适宜宁夏引扬黄灌区≥10℃有效积温 2800℃以上地区春播单种。

宁单 23 号

审定编号：宁审玉 2015002

选育单位：宁夏昊玉种业有限公司杂交选育而成。

品种来源：M6×P2

特征特性：幼苗叶鞘、基部淡紫色，株型紧凑，全株 18 片叶，叶色深绿，株高 270cm，穗位高 83cm，茎粗 2.8cm，雄穗分枝 5～7 个，颖壳淡紫色，花药紫色，花粉黄色，雌穗花丝淡紫色，果穗筒形，双穗率 14.6%，穗长 17.5cm，穗粗 4.8cm，穗行数 16～18 行，行粒数 34.7 粒，百粒重 33.6g，出籽率 83.7%，穗轴红色，籽粒黄色、马齿型。2013 年农业部谷物品质监督检验测试中心测定：容重 775g/L，粗蛋白 9.68%，粗脂肪 4.46%，粗淀粉 73.50%，赖氨酸 0.29%。生育期 137 天，较对照承 706 早熟 1 天，属中熟杂交品种。2013 年中国农业科学院抗性接种鉴定：抗大斑病、丝黑穗病，中抗小斑病、腐霉茎腐病，高感矮花叶病。该品种苗势旺盛，生长整齐，抗寒，耐旱，根系发达，抗倒伏，活秆成熟，丰产性好，适应性强，但高感矮花叶病。

产量表现：2010 年区域试验平均亩产 822.4kg，较对照承 706 增产 6.18%；2011 年区域试验平均亩产 831.7kg，较对照承 706 增产 3.48%；2012 年区域试验平均亩产 886.7kg，较对照承 706 增产 7.0%，极显著；三年区域试验平均亩产 846.9kg，平均增产 5.6%。2013 年宁南山区生产试验平均亩产 916.7kg，较对照承 706 增产 8.6%。

栽培技术要点：（1）播种：播种期 4 月 10～20 日，机播或人工播种。种子包衣或苗期喷施抗病毒类农药可有效防治矮花叶病。（2）种植方式：露地或地膜覆盖种植，根据土壤墒情采用先覆膜后播种或先播种后覆膜，行距 50cm，株距 28cm，亩密度 4500 株。（3）施肥：重施基肥，秋季亩施农家肥 3000～4000kg、磷酸二铵 10～15kg；合理追施 N、P 肥及喷施叶面肥。（4）加强管理：及时防治其他病虫害；适时收获。

适宜种植地区：适宜宁南山区≥10℃有效积温 2600℃以上地区春播单种。

宁单 24 号

审定编号：宁审玉 2015003

选育单位：宁夏钧凯种业有限公司杂交选育而成。

品种来源：Q24×R22

特征特性：幼苗叶鞘、基部淡紫色，株型紧凑，成株 23 片叶，叶片中宽上举，茎秆中粗，株高 310cm，穗位高 114cm，雄穗分枝 8 个，颖壳绿色，花药黄色，雌穗花丝红色，双穗率 20.9%，空秆率 0%，穗长筒形，穗长 18.5cm，穗粗 5.5cm，秃尖 0.5cm，穗行数 16～18 行，行粒数 34.6 粒，单穗粒重 207.7g，百粒重 35.0g，出籽率 84.4%，穗轴红色，籽粒黄色、马齿型。2013 年农业部谷物品质监督检验测试中心测定：容重 740kg/L，粗蛋白质 9.68%，粗脂肪 3.89%，粗淀粉 74.07%，赖氨酸 0.33%。生育期 137 天，较对照承 706 晚熟 2 天，属中熟杂交品种。2013 年中国农业科学院抗性接种鉴定：抗大斑病、小斑病、茎腐病，感丝黑穗病，高感矮花叶病、玉米螟。该品种根系发达，抗倒伏，抗早衰，活秆成熟，但高感矮花叶病、玉米螟，感丝黑穗病。

产量表现：2011 年区域试验平均亩产 849.8kg，较对照承 706 增产 5.74%，极显著；2012 年区域试验平均亩产 906.2kg，较对照承 706 增产 9.3%，极显著；两年区域试验平均亩产 878kg，平均增产 7.5%。2013 年生产试验平均亩产 939.5kg，较对照承 706 增产 11.3%。

栽培技术要点：（1）播种：播种期 4 月 15 日，亩用种 2kg，机播或人工播种。（2）种植方式：单种，宽窄行，宽行 80cm，窄行 40cm，株距 25cm，或等行距 60cm，亩密度 4500 株。（3）施肥：基施农家肥，每亩施种肥磷酸二铵 10kg，结合中耕可一次或多次施肥，全生育期亩施磷酸二铵 42kg、尿素 45kg。于生长前期追施钾、锌等微肥。（4）加强管理：看苗看地灌水，及时防治病虫害，包衣或苗期喷施抗病毒类农药可有效防治矮花叶病、丝黑穗病；大喇叭口期心叶投颗粒杀虫剂防玉米螟；适当晚收获。

适宜种植地区：适宜宁夏宁南山区≥10℃有效积温 2700℃以上地区春播单种。

宁单 26 号

审定编号： 宁审玉2015005

选育单位： 宁夏昊玉种业有限公司杂交选育而成。

品种来源： M33×M44

特征特性： 幼苗叶鞘、基部淡紫色，株型紧凑，全株 19 片叶，叶色深绿，叶距较大，株高 277.2cm，穗位高 102.6cm，茎粗 4.3cm，雄穗分枝 5 个，颖壳淡紫色，花药紫色，花粉黄色，雌穗花丝淡紫色，双穗率 4.0%，果穗筒形，穗长 17.7cm，穗粗 5.8cm，穗行数 16 行，行粒数 35.3 粒，百粒重 40.8g，出籽率 86.58%，穗轴红色，籽粒红色、马齿型。2013 年农业部谷物品质监督检验测试中心测定：容重 772g/L，粗蛋白质 10.38%，粗脂肪 4.53%，粗淀粉 72.51%，赖氨酸 0.31%。生育期 134 天，与对照先玉 335 同期，属中晚熟杂交品种。2013 年中国农业科学院抗性接种鉴定：高抗腐霉茎腐病、丝黑穗病，中抗小斑病，感大斑病，高感矮花叶病。该品种出苗整齐，苗势旺盛，耐旱，抗寒，根系发达，茎秆坚韧，抗倒伏，活秆成熟，但高感矮花叶病，感大斑病。

产量表现： 2011 年区域试验平均亩产 1030.6kg，较对照先玉 335 增产 5.80%；2012 年区域试验平均亩产 1085.98kg，较对照先玉 335 增产 7.9%；两年区域试验平均亩产 1058.3kg，平均增产 6.9%。2013 年生产试验平均亩产 984.8kg，较对照先玉 335 增产 6.0%。

栽培技术要点： （1）种植方式：露地或地膜覆盖种植，行距 60cm，株距 20cm，亩密度 5500～6000 株。（2）播种：播种期 4 月 10～20 日，机播或人工播种。（3）施肥：重施基肥，秋季亩施农家肥 3000～4000kg、磷酸二铵 10～15kg；合理追施 N、P 肥及喷施叶面肥。（4）加强管理：包衣或苗期喷施抗病毒类农药有效防治矮花叶病，及时防治其他病虫害；适时收获。

适宜种植地区： 适宜宁夏引扬黄灌区≥10℃有效积温 2800℃以上地区春播单种。

宁单 27 号

审定编号： 宁审玉 2015006

选育单位： 宁夏农林科学院农作物研究所和宁夏科泰种业有限公司杂交选育而成。

品种来源： K12×PY213

特征特性： 幼苗叶鞘、叶片绿色，株型半紧凑，成株 21 片叶，株高 289cm，穗位 118cm，雄穗分枝 5～7 个，颖壳黄绿色，花药黄色，雌穗花丝浅紫色，果穗长筒形，穗长 19.8cm，穗粗 5.2cm，穗行数 16.4 行，行粒数 36 粒，单穗粒重 209g，百粒重 35.2g，出籽率 83.6%，穗轴红色，籽粒橙红色、半马齿型。2014 年农业部谷物品质监督检验测试中心测定：容重 790g/L，粗蛋白质 8.11%，粗脂肪 3.93%，粗淀粉 76.37%，赖氨酸 0.23%。生育期 136 天，与对照正大 12 号同期，属中晚熟杂交品种。2014 年中国农业科学院作物科学研究所鉴定：中抗大斑病、腐霉茎腐病，抗小斑病，高感丝黑穗病、矮花叶病。该品种幼苗生长势强，稳产性好，但高感丝黑穗病、矮花叶病。

产量表现：2012 年区域试验平均亩产 604.1kg，较对照沈单 16 号增产 7.99%，极显著；2013 年区域试验平均亩产 606.0kg，较对照正大 12 号增产 5.6%，极显著；两年平均亩产 605.1kg，平均增产 6.8%。2014 年生产试验平均亩产 625.8kg，较平均值增产 2.9%。

栽培技术要点：（1）播种：播期 4 月 10～25 日，地表 5cm 土壤温度稳定通过 12℃，机播或人工精量点播；一次性保全苗。（2）种植方式：套种，亩密度 3500 株。（3）施肥与灌水：重施农家肥，科学均衡配方 N、P、K 肥及微肥，播种前基肥亩施磷酸二铵 10kg、尿素 10kg 以上，并施用钾、锌等肥；拔节期结合培土亩追施磷酸二铵 10kg、尿素 20kg 以上；6 月初到 8 月中旬适时浇水。（4）加强管理：前期深中耕，促苗壮、苗早发育，中耕 2～3 次；苗期用 20%克福戊种衣剂包衣防治丝黑穗病、矮花叶病及地下害虫；大喇叭口期投颗粒杀虫剂防玉米螟；用药剂防治蚜虫和叶螨的危害；适时收获。

适宜种植地区：适宜宁夏引扬黄灌区春播套种。

广德 77

审定编号：宁审玉 2015007

选育单位：吉林广德农业科技有限公司杂交选育而成，宁夏回族自治区种子工作站引入。

品种来源：G248×G68

特征特性：幼苗叶鞘深紫色，叶片绿色，株型紧凑，成株 16 片叶，株高 215cm，穗位高 60.3cm，雄穗分枝 5 个，颖壳绿色，花药红色，雌穗花丝红色，果穗长锥形，穗长 19.3cm，穗行数 14～18 行，行粒数 37.7 粒，单穗粒重 177.5g，百粒重 34g，出籽率 84.3%，穗轴红色，籽粒黄色、马齿型。2014 年农业部谷物品质监督检验测试中心检测结果：容重 793g/L，粗蛋白质 12.52%，粗脂肪 4.72%，粗淀粉 74.69%，赖氨酸 0.33%。生育期 133 天，较对照登海 1 号早熟 7 天，属早熟杂交品种。2014 年中国农业科学院作物科学研究所抗性接种测定：高抗大斑病、茎腐病，抗小斑病，感丝黑穗病，高感矮花叶病、玉米螟。该品种抗旱，抗倒，耐瘠薄，丰产稳产，品质优，适应性强，但高感矮花叶病、玉米螟，感丝黑穗病。

产量表现：2013 年区域试验平均亩产 804.5kg，较对照登海 1 号增产 13.1%，极显著；2014 年区域试验平均亩产 704.6kg，较对照登海 1 号增产 7.1%，极显著；两年区域试验平均亩产 754.6kg，平均增产 10.1%。2014 年生产试验平均亩产 730.2kg，较对照登海 1 号增产 9.8%。

栽培技术要点：（1）播种：播种期 4 月 10～25 日，地表 5cm 土壤温度稳定通过 12℃，亩用种 2.0kg，机播或人工精量点播，足墒适期一播全苗。（2）种植方式：单种，宽窄行 60cm×40cm、65cm×35cm，或等行距 50cm，株距 30cm，亩密度 4500 株。（3）施肥与灌水：重施农家肥，合理配施 N、P、K 化肥及微肥，要求土壤肥力中等以上，足施有机底肥，带够种肥，苗肥亩施磷肥 15kg，开沟培土足施追肥，亩追施尿素 30～40kg；后期防旱。（4）加强管理：前期深中耕，促苗全、苗壮，中耕 2～3 次；用 20%克福戊种衣剂包衣防治丝黑穗病、矮花叶病、地老虎；大喇叭口期心叶投颗粒杀虫剂防玉米螟；适时收获。

适宜种植地区：适宜宁南山区≥10℃有效积温 2300℃以上地区春播单种。

宁单 28 号

审定编号： 宁审玉2015008

选育单位： 宁夏绿博种子有限公司杂交选育而成。

品种来源： 8130×9803

特征特性： 幼苗叶鞘深紫色，叶片绿色，株型紧凑，成株 20 片叶，株高 279cm，穗位高 109cm，雄穗分枝 10～12 个，颖壳黄色，花药紫色，雌穗花丝紫红色，果穗筒形，穗长 17.8cm，穗行数 16～20 行，行粒数 36 粒，单穗粒重 190.1g，百粒重 33.9g，出籽率 85.4%，穗轴白色，籽粒黄色、马齿型。2014 年农业部谷物品质监督检验测试中心测定：容重 785g/L，粗蛋白质 10.99%，粗脂肪 4.27%，粗淀粉 72.90%，赖氨酸 0.28%。生育期 138 天，较对照承 706 早熟 3 天，属中熟杂交品种。2014 年中国农业科学院作物科学研究所抗性接种鉴定：高抗茎腐病，抗大斑病、小斑病，感丝黑穗病，高感矮花叶病。该品种幼苗生长势强，田间生长整齐，活秆成熟，抗倒伏，适应性较强，丰产性较好，但高感矮化叶病，感丝黑穗病。

产量表现： 2012 年区域试验平均亩产 898.4kg，较对照承 706 增产 8.3%，极显著；2013 年区域试验平均亩产 861.1kg，较对照承 706 增产 3.2%，不显著；两年区域试验平均亩产 879.8kg，平均增产 5.8%。2014 年生产试验平均亩产 872.5kg，较对照承 706 增产 11.4%。

栽培技术要点：（1）播种：播种期 4 月 10～25 日，地表 10cm 土壤温度稳定通过 10℃，亩用种 2.5kg，机播或人工精量点播；足墒适期一播全苗。（2）种植方式：覆膜单种，宽窄行 60cm×40cm，等行距 50cm，株距 30cm，亩密度 4500 株。（3）施肥与灌水：重施农家肥，合理配施 N、P、K 肥及微肥，要求土壤肥力中等以上，足施有机底肥，带够种肥，苗肥亩施磷肥 20kg，亩追施尿素 30～40kg，全生育期灌水 3～4 次；开沟培土足施追肥，后期防旱。（4）加强管理：前期深中耕，促苗全、苗壮，中耕 2～3 次；用 20% 克福戊种衣剂包衣防治丝黑穗病、矮花叶病、地老虎；大喇叭口期心叶投颗粒杀虫剂防玉米螟；适时收获。

适宜种植地区： 适宜宁夏宁南山区≥10℃有效积温 2600℃以上地区春播单种。

富农 340

审定编号： 宁审玉 2015009

选育单位： 甘肃富农高科技种业有限公司杂交选育而成，宁夏农林科学院固原分院引入。

品种来源： F502×FN1011

特征特性： 幼苗第一叶椭圆形，叶色深绿，叶鞘紫色，茎基绿色，株型紧凑，成株 17 片叶，株高 220cm，穗位 74.3cm，雄穗分枝 3～5 个，颖壳绿色，花药黄色，雌穗花丝红色，果穗长筒形，穗长 19.0cm，穗粗 4.9cm，秃尖 0.4cm，穗行数 14～18 行，行粒数 37.4 粒，单穗粒重 178.4g，百粒重 33.5g，出籽率 82.9%，穗轴红色，籽粒黄色、马齿型。2014 年农业部谷物品质监督检验测试中心测定：容重 796g/L，粗蛋白质 9.84%，粗脂肪 4.27%，粗淀粉 73.62%，赖氨酸 0.28%。生育期 134 天，较对照登海 1 号早熟 4 天，属中早熟杂交品种。2014 年中国农业科学院作物科学研究所抗性接种鉴定：高抗茎腐病，中抗大斑病，抗小斑病，高感矮花叶病、丝黑穗病。该品种苗势旺，耐旱抗寒，活秆成熟，丰产性好，适应性广，但高感矮花叶病、丝黑穗病。

产量表现： 2012 年区域试验平均亩产 700.0kg，较对照平均值增产 7.0%，不显著；2013 年区域试验平均亩产 778.4kg，较对照登海 1 号增产 9.5%，极显著；两年区域试验平均亩产 739.2kg，平均增产 8.3%。2014 年生产试验平均亩产 733.8kg，较对照登海 1 号增产 10.3%。

栽培技术要点： （1）播种：播种期 4 月 10～20 日，机播或人工播种。（2）种植方式：根据土壤墒情采用先覆膜后播种或先播种后覆膜两种种植方式；行距 50cm，株距 30cm，亩密度 4500 株。（3）施肥：重施基肥，秋季亩施农家肥 3000～4000kg、磷酸二铵 10～15kg，合理配施 N、P 肥及喷施叶面肥。（4）加强管理：用 20%克福戊种衣剂包衣防治丝黑穗病、矮花叶病；及时防治其他病虫害；适时收获。

适宜种植地区： 适宜宁夏宁南山区≥10℃有效积温 2300℃以上地区春播单种。

吉单 27

审定编号： 宁审玉 2015010

选育单位： 吉农高新技术发展股份有限公司杂交选育而成，宁夏回族自治区种子工作站引入。

品种来源： 四-287×四-144

特征特性： 幼苗叶鞘深紫色，叶片深绿，株型半紧凑，成株 21 片叶，株高 270cm，穗位高 100cm，雄穗分枝 8～10 个，颖壳绿色，花药黄色，雌穗花丝绿色，果穗筒形，穗长 17～20cm，穗行数 14～16 行，单穗粒重 202g，百粒重 37.3g，出籽率 88.5%，穗轴白色，籽粒黄色、马齿型。2013 年农业部谷物品质监督检验测试中心检测：粗蛋白质 10.32%，粗脂肪 4.12%，粗淀粉 71.31%，赖氨酸 0.29%。生育期 130 天，较对照承 706 早熟 7 天，属中早熟杂交品种。2013 年中国农业科学院作物科学研究所抗性接种鉴定：抗大斑病，中抗丝黑穗病，感小斑病，高感矮花叶病、霉腐茎腐病。该品种苗势强，抗旱，出籽率高，丰产稳产，但高感矮花叶病、霉腐茎腐病，感小斑病。

产量表现： 2012 年区域试验平均亩产 912.6kg，较对照承 706 增产 10.9%，极显著；2013 年区域试验平均亩产 905.1kg，较对照承 706 增产 8.5%，极显著；两年区域试验平均亩产 922.3kg，平均增产 9.7%。2013 年生产试验平均亩产 924.6kg，较对照承 706 增产 9.5%。

栽培技术要点： （1）播种：播种期 4 月下旬至 5 月初，地表 5cm 土壤温度稳定通过 12℃，亩用种 2.0kg，机播或人工精量点播，足墒适期一播全苗。（2）种植方式：单种，行距 50cm，株距 30cm，亩密度 4500 株。（3）施肥与灌水：重施农家肥，合理配施 N、P、K 肥及微肥，要求土壤肥力中等以上，足施有机底肥，带够种肥，苗肥亩施磷肥 15kg，开沟培土足施追肥，亩追施尿素 30～40kg，全生育期灌水 3～5 次；后期防旱。（4）加强管理：前期深中耕，促苗全、苗壮，中耕 2～3 次；用 20%克福戊种衣剂包衣防治霉腐茎腐病、矮花叶病及虫害；适时收获。

适宜种植地区： 适宜宁夏宁南山区≥10℃有效积温 2300℃以上地区春播单种。

太玉 339

审定编号： 宁审玉 2015011

选育单位： 山西中农赛博种业有限公司杂交选育而成，贺兰县种子公司引入。

品种来源： 203-607×D16

特征特性： 幼苗第一片叶椭圆形，叶鞘紫色，叶色深绿，株型紧凑，成株 21 片叶，株高 281cm，穗位高 98cm，雄穗分枝 4～5 个，颖壳绿色，花药肉粉色，雌穗花丝紫色，穗长筒形，穗长 19.5cm，穗粗 4.9cm，穗行数 14～18 行，行粒数 38.0 粒，百粒重 36.5g，出籽率 85.2%，穗轴红色，籽粒马齿型、黄色。2014 年农业部谷物品质监督检验测试中心测定：容重 767g/L，粗蛋白质 10.79%，粗脂肪 3.75%，粗淀粉 73.85%，赖氨酸 0.33%。生育期 140 天，较对照承 706 早熟 2 天，属中熟杂交品种。2014 年中国农业科学院作物科学研究所抗性接种鉴定：高抗丝黑穗病，中抗大斑病，抗腐霉茎腐病、小斑病，高感矮花叶病。该品种出苗快，苗势强，田间生长整齐，吐丝快，散粉畅，结实性好，抗病、抗倒伏，丰产稳产，适应性广，品质优，但高感矮花叶病。

产量表现： 2013 年区域试验平均亩产 908.1kg，较对照承 706 增产 8.8%，极显著；2014 年区域试验平均亩产 960.5kg，较对照平均值增产 7.8%，极显著；两年区域试验平均亩产 934.3kg，平均增产 8.3%。2014 年生产试验平均亩产 872.5kg，较对照承 706 增产 11.4%。

栽培技术要点： （1）播种：采用宽窄行或等行距种植，山坡地建议手工点播，平地机播要注意慢速匀速行驶。（2）种植密度：行距 50cm，株距 30cm，亩密度 4500 株，高温高湿区宜稀不宜密，根据各地气候特点和种植习惯合理调整种植密度。（3）防治病虫害：种子包衣防治矮花叶病，幼苗期及时防治地下害虫，注意防治蚜虫、灰飞虱等虫害；大喇叭口期药物丢心防治玉米螟。（4）施肥：施足底肥，增施钾肥、锌肥、生物有机肥，大喇叭口期每亩穴施或沟施尿素 20～30kg，遇旱浇水，遇涝排水。（5）除草：播种后出苗前，使用除草剂防治杂草。（6）适时收获。

适宜种植地区： 适宜宁夏宁南山区≥10℃有效积温 2600℃以上地区春播单种。

丰田 6 号

审定编号： 宁审玉 2015012

选育单位： 赤峰市丰田科技种业有限公司杂交选育而成，宁夏润丰种业有限公司引入。

品种来源： F017×T8532

特征特性： 幼苗绿色，叶鞘紫色，叶缘紫色，第一叶尖匙形，株型紧凑，株高 264cm，穗位高 110cm，成株 21 片叶，叶色绿，雄穗分枝 7～9 个，颖壳绿色，花药黄色，雌穗花丝红色，果穗长锥形，穗长 19.5cm，穗粗 5.1cm，穗行数 16 行，行粒数 43 粒，百粒重 31.5g，出籽率 84.1%，穗轴红色，籽粒黄色、马齿型。2013 年农业部谷物品质监督检验测试中心测定：粗蛋白质 8.03%，粗脂肪 4.03%，粗淀粉 74.90%，赖氨酸 0.26%。生育期 136 天，较对照承 706 早熟 2 天，属中熟杂交品种。2013 年中国农业科学院作物科学研究所抗性接种鉴定：中抗大斑病、小斑病，感茎腐病、丝黑穗病，高感矮花叶病。该品种丰产稳产，适应性好，但高感矮花叶病，感茎腐病、丝黑穗病。

产量表现： 2011 年区域试验平均亩产 870.4kg，较对照承 706 增产 8.30%，极显著；2012 年区域试验平均亩产 902.3kg，较对照承 706 增产 8.0%，显著；两年区域试验平均亩产 886.4kg，平均增产 8.2%。2013 年生产试验平均亩产 899.7kg，较对照承 706 增产 6.6%。

栽培技术要点： （1）适时早播：选择中上等肥力地块种植，4 月 20 日左右播种，亩施种肥二铵 10～15kg，有机肥 1000kg。（2）合理密植：中等肥力地块亩密度 4000 株，高肥力地块亩密度 4500 株。（3）加强管理：种子包衣防治矮花叶病、茎腐病、丝黑穗病；拔节期适当控制水肥，防止倒伏。（4）适时收获。

适宜种植地区： 适宜宁夏宁南山区≥10℃有效积温 2600℃以上地区春播单种。

明玉 5 号

审定编号： 宁审玉 2015013

选育单位： 葫芦岛市明玉种业有限责任公司杂交选育而成，宁夏德汇农业科技有限责任公司引入。

品种来源： 明 2325×明 1826

特征特性： 幼苗叶鞘深紫色，叶片绿色，株型紧凑，成株 20 片叶，株高 292cm，穗位高 125cm，雄穗分枝 12～15 个，颖壳绿色，花药黄色，雌穗花丝红色，果穗筒形，穗粗 5.4cm，穗长 17.3cm，穗行数 16～20 行，行粒数 39.4 粒，单穗粒重 212g，百粒重 34g，出籽率 85.7%，穗轴红色，籽粒黄色、马齿型。2013 年农业部谷物品质监督检验测试中心测定：容重 786g/L，粗蛋白 8.60%，粗脂肪 4.20%，粗淀粉 74.84%，赖氨酸 0.29%。生育期 133 天，较对照先玉 335 晚熟 2 天，属中晚熟杂交品种。2013 年中国农业科学院作物科学研究所抗病鉴定：中抗大斑病、小斑病、腐霉茎腐病，感丝黑穗病，高感矮花叶病。该品种稳产性好，但高感矮花叶病，感丝黑穗病。

产量表现： 2011 年区域试验平均亩产 1076.0kg，较对照先玉 335 增产 4.81%；2012 年区域试验平均亩产 1115.9kg，较对照先玉 335 增产 5.65%；两年区域试验平均亩产 1096.0kg，平均增产 5.23%。2013 年生产试验试验平均亩产 957.5kg，较对照先玉 335 增产 4.2%。

栽培技术要点： （1）播种：播种期 4 月 10～25 日，地表 5cm 土壤温度稳定通过 12℃，亩用种 2.0kg，机播或人工精量点播，足墒适期一播全苗。（2）种植方式：单种，宽窄行 60cm×40cm、65cm×35cm，或等行距 50cm，株距 24cm，亩密度 5500 株。（3）施肥与灌水：重施农家肥，合理配施 N、P、K 肥及微肥，要求土壤肥力中等以上，足施有机底肥，带够种肥，苗肥亩施磷肥 15kg，追施尿素 30～40kg，全生育期灌水 3～4 次。开沟培土足施追肥，后期防旱。（4）加强管理：前期深中耕，促苗全、苗壮，中耕 2～3 次；用 20%克福戊种衣剂包衣防治丝黑穗病、矮花叶病、地老虎；大喇叭口期心叶投颗粒杀虫剂防玉米螟；适期收获。

适宜种植地区： 适宜宁夏引扬黄灌区≥10℃有效积温 2800℃以上地区春播单种。

先行 1658

审定编号： 宁审玉 2015014

选育单位： 宁夏西夏种业有限公司和山东先行种业有限公司杂交选育而成。

品种来源： XX658×XX514C

特征特性： 幼苗叶鞘紫色，株型紧凑，株高 291.4cm，穗位高 98.3cm，雄穗分枝 3～5 个，颖壳绿色，花药粉黄色，雌穗花丝红色，果穗筒形，穗长 18.3cm，秃尖长 1.6cm，穗行数 18 行，行粒数 36.1 粒，单穗粒重 213.6g，百粒重 34.5g，出籽率 88.3%，穗轴红色，籽粒黄色、马齿型。2014 年农业部谷物品质监督检验测试中心测定：容重 775g/L，粗蛋白质 8.10%，粗脂肪 3.47%，粗淀粉 76.27%，赖氨酸 0.28%。生育期 134 天，较对照先玉 335 早熟 1 天，属中晚熟杂交品种。2014 年中国农业科学院作物科学研究所抗性接种鉴定：高抗茎腐病，抗大、小斑病，感丝黑穗病，高感矮花叶病。该品种丰产性好，适应性强，但高感矮花叶病，感丝黑穗病。

产量表现： 2013 年区域试验平均亩产 1048.7kg，较对照先玉 335 增产 8.8%，极显著；2014 年区域试验平均亩产 1026.2kg，较对照先玉 335 增产 4.0%，不显著；两年区域试验平均亩产 1037.5kg，平均增产 6.4%。2014 年生产试验平均亩产 1007.6kg，较对照先玉 335 增产 8.7%。

栽培技术要点：（1）播种：播种期 4 月 10～25 日，地表 5cm 土壤温度稳定通过 12℃，亩用种 2.0kg，机播或人工精量点播，足墒适期一播全苗。（2）种植方式：单种，宽窄行 60cm×40cm、65cm×35cm，或等行距 50cm，株距 24cm，亩密度 5000～5500 株。（3）施肥与灌水：重施农家肥，合理配施 N、P、K 肥及微肥，要求土壤肥力中等以上，足施有机底肥，带够种肥，苗施磷肥 15kg，开沟培土足施追肥，追施尿素 30～40kg，全生育期灌水 3～4 次，后期防旱。（4）加强管理：前期深中耕，促苗全、苗壮，中耕 2～3 次；用 20% 克福戊种衣剂包衣防治地老虎、丝黑穗病、矮花叶病。大喇叭口期心叶投颗粒杀虫剂防玉米螟。

适宜种植地区： 适宜宁夏引扬黄灌区 ≥10℃ 有效积温 2800℃ 以上地区春播单种。

登海 605

审定编号： 宁审玉 2015015

选育单位： 山东登海种业股份有限公司 2005 年杂交选育而成，山东登海种业股份有限公司青铜峡市分公司引入。

品种来源： DH351×DH382

特征特性： 幼苗叶鞘紫色，叶片绿色，株型紧凑，成株 19～20 片叶，株高 266cm，穗位高 106cm，雄穗分枝 7～10 个，颖壳浅紫色，花药黄绿色，雌穗花丝浅紫色，果穗长筒形，穗长 19.1cm，穗行数 16 行，行粒数 36.1 粒，单穗粒重 216.5g，百粒重 36.4g，出籽率 87.5%，穗轴红色，籽粒黄色、马齿型。2014 年农业部谷物品质监督检验测试中心测定：容重 775g/L，粗蛋白质 9.18%，粗脂肪 4.96%，粗淀粉 74.92%，赖氨酸 0.28%。生育期 138 天，与对照先玉 335 同期，属中晚熟杂交品种。2014 年中国农业科学院作物科学研究所抗性接种鉴定：中抗大斑病，抗小斑病，中抗茎腐病，感丝黑穗病，高感矮花叶病。该品种苗势旺，株型清秀，根系发达，茎秆坚韧，高产稳产，适应性好，但高感矮花叶病，感丝黑穗病。

产量表现： 2012年区域试验平均亩产1126.9kg，较对照先玉335增产6.7%；2013年区域试验平均亩产1084.8kg，较对照先玉335增产7.6%；两年平均亩产1105.9kg，平均增产7.2%。2014年生产试验平均亩产1076.5kg，较对照先玉335增产3.9%。

栽培技术要点： （1）播种：播种期4月10～25日，地表5cm土壤温度稳定通过12℃，亩用种2.0kg，机播或人工精量点播。足墒适期一播全苗。（2）种植方式：单种，宽窄行60 cm×40cm、65 cm×35cm，或等行距50cm，株距24cm，亩密度5500株。（3）施肥与灌水：重施农家肥，合理配施N、P、K肥及微肥，要求土壤肥力中等以上，足施有机底肥，带够种肥，苗施磷肥15kg，开沟培土足施追肥，追施尿素30～40kg，全生育期灌水3～5次；后期防旱。（4）加强管理：看苗看地灌水，及时防治病虫害，种子包衣防丝黑穗病、矮花叶病，大喇叭口期心叶投颗粒杀虫剂防玉米螟；适当晚收获。不宜在内涝、盐碱地种植，涝洼地种植，要及时排水。

适宜种植地区： 适宜宁夏引扬黄灌区≥10℃有效积温2800℃以上地区春播单种。

豫丰98

审定编号： 宁审玉2015016

选育单位： 河南省豫丰种业有限公司和宁夏钧凯种业有限公司杂交选育而成。

品种来源： 585×22

特征特性： 幼苗叶片绿色，叶鞘紫色，叶缘浅紫色，株型紧凑，株高280cm，穗位高110cm，雄穗分枝5～7个，颖壳绿色，花药紫色，雌穗花丝紫色，果穗筒形，叶柄较短，苞叶较好，穗长19.6cm，每穗14～18行，每行37粒，单穗粒重200g，百粒重40.3g，出籽率87.7%，穗轴红色，籽粒黄色、硬粒型。2013年农业部谷物品质监督检验测试中心测定：容重801g/L，粗蛋白质9.15%，粗脂肪3.41%，粗淀粉74.70%，赖氨酸0.31%。生育期131天，与对照先玉335同期，属中晚熟型杂交品种。2013年中国农业科学院作物科学研究所接种鉴定：中抗大斑病、小斑病、腐霉茎腐病，感丝黑穗病，高感矮花叶病。该品种苗势强，耐密，抗倒，灌浆快，果穗大小均匀、出籽率高、脱水较快，适应性广，丰产稳产，但高感矮花叶病，感丝黑穗病。

产量表现： 2011年区域试验平均亩产1032.3kg，较对照先玉335增产4.15%；2012年区域试验平均亩产1082.3kg，较对照先玉335增产2.48%，不显著；两年区域试验平均亩产1057.3kg，平均增产3.3%。2013年生产试验平均亩产994.0kg，较对照先玉335增产8.2%。

栽培技术要点： （1）播种：播种期4月10～25日，地表5cm土壤温度稳定通过12℃，亩用种2.0kg，机播或人工精量点播，足墒适期一播全苗。（2）种植方式：单种，宽窄行60 cm×40cm、65 cm×35cm，或等行距50cm，株距24cm，亩密度5500株。（3）施肥与灌水：重施农家肥，合理配施N、P、K化肥及微肥，要求土壤肥力中等以上，足施有机底肥，带够种肥，苗肥亩施磷肥15kg，开沟培土足施追肥，追施尿素 30～40kg，全生育期灌水 3～5 次，后期防旱。（4）加强管理：前期深中耕，促苗全、苗壮，中耕 2～3 次；用 20%克福戊种衣剂包衣防治丝黑穗病、矮花叶病、地老虎；大喇叭口期心叶投颗粒杀虫剂防玉米螟。（5）适时收获，苞叶变白干枯，同时籽粒基部出现黑层、籽粒乳线消失时收获。

适宜种植地区：适宜宁夏引扬黄灌区≥10℃有效积温 2800℃以上地区春播单种。

32D22

审定编号：宁审玉 2015017

选育单位：铁岭先锋种子研究有限公司杂交选育而成，宁夏金三元农业科技有限公司引入。

品种来源：PH09B×PHPM0

特征特性：幼苗叶鞘深紫色，叶片绿色，株型半紧凑，成株 20 片叶，株高 288.8cm，穗位高 107.9cm，雄穗分枝 3～7 个，颖壳绿色，花药紫色，雌穗花丝紫色，果穗筒形，穗长 17.8cm，穗行数 16 行，行粒数 39.5 粒，单穗粒重 211.1g，百粒重 34.8g，出籽率 85.7%，穗轴红色，籽粒黄色、马齿型。2013 年农业部谷物品质监督检验测试中心测定：容重 786g/L，粗蛋白质 8.25%，粗脂肪 3.49%，粗淀粉 75.4%，赖氨酸 0.28%。生育期 136 天，较对照先玉 335 晚熟 1 天，属中晚熟杂交品种。2013 年中国农业科学院作物科学研究所抗性接种鉴定：中抗小斑病、腐霉茎腐病、丝黑穗病，感大斑病，高感矮花叶病。该品种株型清秀，抗旱，抗倒伏，耐密植，稳产，适应性强，但高感矮花叶病，感大斑病。

产量表现：2011 年区域试验平均亩产 1058.1kg，较对照先玉 335 增产 8.38%，显著；2012 年区域试验平均亩产 1088.6kg，较对照平均值增产 8.1%，极显著；两年区域试验平均亩产 1073.4kg，平均增产 8.2%。2013 年生产试验平均亩产 993.9kg，较对照先玉 335 增产 6.9%。

栽培技术要点：（1）播种：播种期 4 月中下旬，亩用种 2.0kg，机播或人工精量点播，足墒适期一播全苗。（2）种植方式：单种，亩密度 5500 株。（3）施肥：基施农家肥，结合中耕可一次或多次施肥，生育期亩施磷酸二铵 42kg，尿素 45kg；生长前期追施钾、锌等微肥。（4）加强管理：前期深中耕，促苗全、苗壮，中耕 2～3 次；用 20%克福戊种衣剂包衣防治地老虎、丝黑穗病、矮花叶病；大喇叭口期心叶投颗粒杀虫剂防玉米螟。（5）及时收获。

适宜种植地区：适宜宁夏引扬黄灌区≥10℃有效积温 2800℃以上地区春播单种。

金创 1088

审定编号：宁审玉 2015018

选育单位：内蒙古蒙新农种业有限责任公司杂交选育而成，宁夏根来福种业有限公司引入。

品种来源：211605×3297

特征特性：幼苗叶鞘、基部淡紫色，株型半紧凑，成株 21 片叶，叶色深绿，叶距较大，株高 280cm，穗位高 117cm，茎粗 2.8cm，雄穗分枝 5 个，颖壳淡紫色，花药黄色，雌穗花丝淡紫色，果穗筒形，穗长

19.4cm，穗粗 5.2cm，穗行数 16 行，行粒数 37 粒，百粒重 39.3g，出籽率 87%，穗轴红色，籽粒黄色、马齿型。2013 年农业部谷物品质监督检验测试中心测定：容重 789g/L，粗蛋白质 8.24%，粗脂肪 3.49%，粗淀粉 74.96%，赖氨酸 0.28%。生育期 132 天，较对照先玉 335 晚熟 1 天，属中晚熟杂交品种。2013 年中国农业科学院作物科学研究所抗性接种鉴定：高抗腐霉茎腐病，中抗小斑病，抗大斑病，感丝黑穗病，高感矮花叶病。该品种出苗整齐，苗势旺盛，耐旱，抗寒，根系发达，茎秆坚韧抗倒伏，活秆成熟，但高感矮花叶病，感丝黑穗病。

产量表现：2011 年区域试验平均亩产 1047.1kg，较对照先玉 335 增产 5.63%；2012 年区域试验平均亩产 1079.8kg，较对照先玉 335 增产 2.24%；两年区域试验平均亩产 1063.5kg，平均增产 3.9%。2013 年生产试验平均亩产 950.3kg，较对照先玉 335 增产 3.4%。

栽培技术要点：（1）播种：播种期 4 月 10～20 日，机播或人工播种。（2）种植方式：单种，亩密度 5500 株，行距 50cm，株距 24cm。（3）施肥：重施基肥，秋季亩施农家肥 3000～4000kg、磷酸二铵 10～15kg；合理追施 N、P 肥及喷施叶面肥。（4）加强管理：包衣或苗期喷施抗病毒类农药可防治矮花叶病，及时防治其他病虫害；适时收获。

适宜种植地区：适宜宁夏引扬黄灌区≥10℃有效积温 2800℃以上地区春播单种。

农华 032

审定编号：宁审玉 2015019

选育单位：北京金色农华种业科技股份有限公司杂交选育而成，宁夏润丰种业有限公司引入。

品种来源：7P402×S121

特征特性：幼苗叶鞘紫色，叶片浅绿色，叶缘紫色，株型紧凑，成株 21 片叶，株高 279cm，穗位高 109cm，雄穗分枝 3～5 个，护颖绿色，花药紫色，雌穗花丝浅紫色，果穗筒形，穗长 17.7cm，穗粗 5.3cm，秃尖 1.9cm，穗行数 16～20 行，行粒数 35.5 粒，单穗粒重 199.0g，百粒重 36.1g，出籽率 86.3%，穗轴红色，籽粒黄色、半马齿型。2013 年农业部谷物品质监督检验测试中心测定：容重 778g/L，粗蛋白质 8.57%，粗脂肪 4.19%，粗淀粉 74.36%，赖氨酸 0.27%。生育期 131 天，较对照先玉 335 晚熟 1 天，属中晚熟杂交品种。2013 年中国农业科学院作物科学研究所抗性接种鉴定：高抗茎腐病、丝黑穗病，中抗大斑病，感小斑病，高感矮花叶病。该品种抗旱，抗倒，抗病，生长整齐，活秆成熟，适应性强，但高感矮花叶病，感小斑病。

产量表现：2011 年区域试验平均亩产 1029.2kg，较对照先玉 335 增产 0.25%，不显著；2012 年区域试验平均亩产 1075.8kg，较对照先玉 335 增产 1.86%，不显著；两年区域试验平均亩产 1052.5kg，平均增产 1.1%。2013 年生产试验平均亩产 974.0kg，较对照先玉 335 增产 6.0%。

栽培技术要点：（1）播种：播种期 4 月 10～25 日，地表 5cm 土壤温度稳定通过 12℃，亩播 1.8～3.5kg，机播或人工精量点播，足墒适期一播全苗。（2）种植方式：选择土质较肥沃的中上等土地种植，单种，亩密度 5500 株。（3）施肥与灌水：施足底肥，亩施农家肥 2000kg 以上，磷酸二铵 10kg，尿素 20kg；6 月上、中旬，亩追施磷酸二铵 10kg，尿素 20kg；苗期要蹲苗，生育期灌水 3～4 次。（4）加强管理：前期深中耕，中耕 2～3 次，促苗全、苗壮；抽雄前中耕培土，防止后期倒伏；大喇叭口期心叶投颗粒杀虫剂防玉米螟；适期收获。

适宜种植地区： 适宜宁夏引扬黄灌区≥10℃有效积温 2800℃以上地区春播单种。

五谷 310

审定编号： 宁审玉 2015020

选育单位： 甘肃五谷种业有限公司杂交选育而成，宁夏回族自治区种子工作站引入。

品种来源： WG3257×WG6319

特征特性： 幼苗叶鞘紫色，叶片绿色，株型半紧凑，成株 20 片叶，株高 301.8cm，穗位高 105.16cm，雄穗分枝 3～5 个，颖壳浅绿色，花药浅紫色，雌穗花丝浅紫色，果穗长筒形，双穗率 2.78%，穗长 18.44cm，穗粗 5.0cm，秃尖 1.09cm，穗行数 14～18 行，行粒数 39.61 粒，单穗粒重 195.35g，百粒重 32.38g，出籽率 86.33%，穗轴红色，籽粒黄色、半马齿型。2013 年农业部谷物品质监督检验测试中心测定：容重 768g/L，粗蛋白质 11.36%，粗脂肪 3.76%，粗淀粉 72.02%，赖氨酸 0.33%。生育期 136 天，较先玉 335 晚熟 1 天，属中晚熟杂交品种。2013 年中国农业科学院作物科学研究所抗性接种鉴定：高抗茎腐病，中抗大斑病、小斑病、丝黑穗病，高感矮花叶病。该品种抗倒，稳产性好，适应性强，但高感矮花叶病。

产量表现： 2011 年区域试验平均亩产 1075.5kg，较对照先玉 335 增产 10.26%，极显著；2012 年区域试验平均亩产 1023.2kg，较对照平均值增产 1.6%，不显著；两年区域试验平均亩产 1049.4kg，平均增产 5.9%。2013 年生产试验平均亩产 982.7kg，较对照先玉 335 增产 5.7%。

栽培技术要点： （1）播期：4 月 10～20 日，地表 5cm 土壤温度稳定通过 12℃，机播或人工精量点播，足墒适期一播全苗。（2）种植方式：单种，宽窄行 70cm×40cm，或等行距 55cm，株距 22cm，亩保苗 5500 株。（3）施肥与灌水：重施农家肥，合理配施 N、P、K 化肥及微肥，亩施磷肥 15kg，追施尿素 30～40kg，全生育期灌水 3～4 次。（4）加强管理：前期深中耕 2～3 次；用种衣剂包衣防治地老虎、丝黑穗病、矮花叶病，大喇叭口期心叶投颗粒杀虫剂防玉米螟，后期防治红蜘蛛；防止干旱；适期收货。

适宜种植地区： 适宜宁夏引扬黄灌区≥10℃有效积温 2800℃以上地区春播单种。

大丰 30

审定编号： 宁审玉 2015021

选育单位： 山西大丰种业有限公司杂交选育而成，宁夏红禾种子有限公司引入。

品种来源： A311×PH4CV

特征特性： 幼苗第一叶勺形，叶鞘花青甙显色强，叶鞘深紫色，叶片绿色，叶缘紫色，叶背有紫晕，株型紧凑，全株 21 片叶，株高 290cm，穗位高 118cm，成株果穗上 1～3 叶斜上冲，4～6 叶直立上冲，雄穗分枝 4～5 个，颖壳红色，花药紫色，雌穗花丝由淡黄转红，果穗长筒形，穗长 19.8cm，穗粗 5cm，秃尖 1.5cm，穗行数 17.6 行，行粒数 37 粒，百粒重 39.3g，出籽率 87.9%，穗轴深紫色，籽粒黄色、马齿型。2014 年农业部谷物品质监督检验测试中心测定：容重 792g/L，粗蛋白 9.52%，粗脂肪 4.24%，粗淀粉 74.82%，赖氨酸 0.31%。生育期 131 天，较对照先玉 335 早熟 1 天，属中晚熟杂交品种。2014 年中国农业科学院作物科学研究所抗性接种鉴定：高抗腐霉茎腐病，中抗丝黑穗病，抗大、小斑病，高感矮花叶病。该品种苗势强，活秆成熟，抗倒，丰产稳产，籽粒脱水快，但高感矮花叶病。

产量表现： 2013 年区域试验平均亩产 1064.3kg，较对照先玉 335 增产 10.2%，极显著。2014 年生产试验平均亩产 1060.7kg，较对照平均值增产 2.4%。

栽培技术要点： （1）播种：4 月 15 日左右精量播种，种子包衣或苗期喷施抗病毒类农药可有效防治矮花叶病。（2）种植方式：单种，宽窄行 80cm×40cm，株距 20cm，亩密度 5500 株；高肥地块，亩保苗 5500 株；中肥地块，亩保苗 5000 株；肥力差的地块，亩保苗 4500 株。（3）施肥：重施基肥，秋季亩施农家肥 3000～4000kg、磷酸二铵 10～15kg。合理追施 N、P 肥及喷施叶面肥。（4）加强管理：及时防治病虫害；适时收获。

适宜种植地区： 适宜宁夏引扬黄灌区≥10℃有效积温 2800℃以上地区春播单种。

奥玉 3804

审定编号： 宁审玉 2015022

选育单位： 北京奥瑞金种业股份有限公司杂交选育而成，宁夏回族自治区种子工作站引入。

品种来源： OSL266×丹 598

特征特性： 幼苗芽鞘浅紫色，叶片绿色，株型半紧凑，成株 22 片叶，株高 250cm，穗位高 100cm，雄穗分枝 10 个，颖壳浅紫色，花药黄色，雌穗花丝绿色，果穗筒形，穗长 18cm，穗粗 5.2cm，秃尖 1.3cm，穗行数 17 行，行粒数 35 粒，百粒重 39g，出籽率 88%，穗轴白色，籽粒黄色、半马齿型。2014 年农业部谷物品质监督检验测试中心测定：容重 776g/L，粗蛋白质 8.73%，粗脂肪 4.17%，粗淀粉 74.83%，赖氨酸 0.25%。生育期 137 天，较对照正大 12 号晚熟 2 天，属晚熟杂交品种。2014 年中国农业科学院作物科学研究所鉴定：高抗腐霉茎腐病，抗大斑病、小斑病、丝黑穗病，高感矮花叶病。该品种田间生长整齐，高产稳产，适应性好，但高感矮花叶病。

产量表现： 2012 年区域试验平均亩产 650.9kg，较对照沈单 16 号增产 14.08%；2013 年区域试验平均亩产 614.2kg，较对照正大 12 号增产 7.0%；两年区域试验平均亩产 632.6kg，平均增产 10.5%。2014 年生产试验平均亩产 628.0kg，较对照平均值增产 3.3%。

栽培技术要点： （1）播种：机播或人工播种，播种期 4 月 15 日左右，亩用种 2kg。（2）种植方式：套种，玉米边行距小麦不少于 20cm，玉米株距 25cm，亩密度 3500 株。（3）施肥：基施农家肥，播前亩施复合肥 40～50kg；播种时带种肥磷酸二铵 10kg；5 月下旬至 6 月上旬亩追施尿素 15kg；6 月下旬至 7 月上旬大喇叭口期亩追施尿素 30kg。（4）加强管理：看苗看地灌水；及时防治病虫害，种子包衣防丝黑穗病、矮花叶病，大喇叭口期心叶投颗粒杀虫剂防玉米螟；适当晚收获。

适宜种植地区：适宜宁夏引黄灌区春播套种。

彩糯 208

审定编号：宁审玉 2015023

选育单位：宁夏昊玉种业有限公司杂交选育而成。

品种来源：M008×M009

特征特性：幼苗叶鞘、基部淡紫色，株型紧凑，全株 19 片叶，株高 255.8cm，穗位高 125cm，雄穗分枝 8～15 个，颖壳粉红色，花药绿色，雌穗花丝粉红色，果穗锥形，穗长 22.3cm，穗粗 5.6cm，秃尖 2.7cm，穗行数 12～16，行粒数 41 粒，鲜百粒重 43.6g，鲜出籽率 69.5%，籽粒白、紫、黄相间。2014 年品尝鉴定：外观好，色泽好，籽粒排列整齐、饱满，秃尖长，柔嫩适口，有特有香味，无异味，黏软香甜，籽粒皮较薄，有少量渣。出苗至采收生育期 105 天，属中熟甜糯鲜食杂交品种。该品种苗势旺，耐旱，抗寒，抗倒伏，田间病害轻。

产量表现：2013 年区域试验平均亩产 1422.7kg，较对照平均值增产 5.1%；2014 年区域试验平均亩产 1157.2kg，较对照平均值减产 6.8%；两年区域试验平均亩产 1290.0kg，平均值减产 0.9%。

栽培技术要点：（1）播种：播种期 4 月 10～20 日，机播或人工播种。（2）种植方式：露地或地膜覆盖种植，行距 50cm，株距 25cm，亩密度 5300 株；周围 300 米以内不得种植其他玉米，以免串粉影响品质。（3）施肥：重施基肥，秋季亩施农家肥 3000～4000kg、磷酸二铵 10～15kg；合理追施 N、P 肥及喷施叶面肥。（4）加强管理：包衣或苗期喷施抗病毒类农药有效防治矮花叶病，并及时防治其他病虫害；授粉后 20～25 天采收鲜果穗。

适宜种植地区：适宜宁夏灌区鲜食种植。

香糯五号

审定编号：宁审玉 2015024

选育单位：辽宁海城市园艺科学研究所杂交选育而成，宁夏西夏种业有限公司引入。

品种来源：B15-1×A12

特征特性：幼苗叶鞘绿色，株型半紧凑，株高 246.5cm，穗位高 116.9cm，雄穗分枝 5～8 个，颖壳绿色，花药黄色，雌穗花丝绿色，果穗锥形，穗长 19.2cm，穗行数 12～14 行，行粒数 38.9 粒，鲜百粒重 32.6g，鲜出籽率 67.8%，穗轴白色，籽粒白色。出苗至采收生育期 102 天，属中熟甜糯鲜食杂交品种。2013 年品尝鉴定：外观好，色泽好，籽粒排列整齐、饱满，秃尖较长，柔嫩适口，有特有香味，无异味，黏软香甜，籽粒皮较薄。该品种适应性较好，但感丝黑穗病。

产量表现：2012 年区域试验平均亩产 1342.6kg，较对照平均值增产 14.2%；2013 年区域试验平均亩产

1412.7kg，较对照平均值增产 4.4%；两年区域试验平均亩产 1377.7kg，平均增产 9.3%。

栽培技术要点：（1）适时播种：4 月中下旬播种，播前种子进行包衣防丝黑穗病。（2）种植方式与密度：单种，宽窄行种植，宽行 80cm，窄行 40cm，株距 30cm，亩密度 3500～4000 株。（3）施肥：亩基施优质农家肥 3000kg、磷酸二铵 15～20kg，拔节期结合灌头水亩追施碳铵 15～20kg。（4）田间管理：出苗后，及时间苗、定苗，保证苗齐、苗全、苗壮。（5）适时收获：在授粉后 20～25 天采收鲜果穗。

适宜种植地区：适宜宁夏灌区鲜食种植。

香糯九号

审定编号：宁审玉 2015025

选育单位：辽宁海城市园艺科学研究所杂交选育而成，宁夏西夏种业有限公司引入。

品种来源：占 A5×A12

特征特性：幼苗叶鞘紫色，株型半紧凑，株高 263cm，穗位高 122.6cm，雄穗分枝 9～15 个，雌穗花丝绿色，颖壳绿色，花药黄色，果穗筒形，穗长 17.9cm，穗行数 16～18 行，行粒数 33 粒，鲜百粒重 36.1g，鲜出籽率 65.4%，籽粒白色。出苗至采收生育期 97 天，属中早熟甜糯鲜食杂交品种。2013 年品尝鉴定：外观好，色泽好，籽粒排列整齐、饱满，秃尖小，柔嫩适口，鲜香无异味，黏软香甜，籽粒皮薄，细腻无渣。该品种外观好，适口性好，高产、稳产，适应性广，但感丝黑穗病。

产量表现：2012 年区域试验平均亩产 1108.7kg，较对照平均值减产 5.7%；2013 年区域试验平均亩产 1473.1kg，较对照平均值增产 8.8%；两年区域试验平均亩产 1290.9kg，平均增产 1.6%。

栽培技术要点：（1）适时播种：4 月中下旬播种；播前种子进行包衣处理防丝黑穗病。（2）种植方式与密度：单种，按宽窄行种植，宽行 80cm，窄行 40cm，株距 30cm，亩密度 3500～4000 株。（3）施肥：亩基施优质农家肥 3000kg、磷酸二铵 15～20kg；拔节期结合灌头水亩追施碳铵 15～20kg。（4）田间管理：出苗后，及时间苗、定苗，保证苗齐、苗全、苗壮。（5）适时收获：在授粉后 20～25 天采收。

适宜种植地区：适宜宁夏灌区鲜食种植。

甘甜糯 2 号

审定编号：宁审玉 2015027

选育单位：甘肃金源种业股份有限公司杂交选育而成，宁夏西夏种业有限公司引入。

品种来源：糯 J11×甜糯 7

特征特性：幼苗叶鞘绿色，叶片绿色，株型半紧凑，成株 20 片叶，株高 266cm，穗位高 125.3cm，颖壳绿色，花药绿色，雌穗花丝绿色，果穗锥形，穗长 17.6cm，穗行数 14～16 行，行粒数 36.2 粒，鲜百粒重 33.8g，鲜出籽率 69.6%，籽粒白色。2013 年品尝鉴定：外观好，色泽好，籽粒排列整齐、饱满，秃尖小，柔嫩适口，有香味，无异味，较黏软香甜，籽粒皮较薄。出苗至采收生育期 99 天，属中早熟甜糯鲜食杂交品种。该品种丰产、稳产性好，适口性好。

产量表现： 2012 年区域试验平均亩产 1376.8kg，较对照平均值增产 17.1%；2013 年区域试验平均亩产 1361.5kg，较对照平均值增产 0.6%；两年区域试验平均亩产 1369.2kg，平均增产 8.9%。

栽培技术要点： （1）适时播种：4 月中下旬播种；播前种子进行包衣处理。（2）种植方式与密度：单种，宽窄行种植，宽行 80cm，窄行 40cm，株距 30cm，亩密度 3600～4200 株，在高肥水地块，适当降低密度，以防止倒伏。（3）施肥：亩基施优质农家肥 3000kg、磷酸二铵 15～20kg，拔节期结合灌头水亩追施碳铵 15～20kg。（4）田间管理：出苗后，及时间苗，定苗，保证苗齐、苗全、苗壮。（5）适时收获：授粉后 25 天左右采收鲜果穗。

适宜种植地区： 适宜宁夏灌区鲜食种植。

甘甜糯 3 号

审定编号： 宁审玉 2015028

选育单位： 甘肃金源种业股份有限公司杂交选育而成，宁夏西夏种业有限公司引入。

品种来源： （白糯 J38×紫糯 J40）×甜糯 7

特征特性： 幼苗叶鞘绿色，叶片绿色，株型半紧凑，株高 275.7cm，穗位高 141.7cm，成株叶片数 20 片，雄穗颖壳绿色，花药绿色，雌穗花丝绿色，果穗筒形，穗长 18.9cm，穗行数 14 行，行粒数 37 粒，鲜百粒重 35.6g，鲜出籽率 70.3%，籽粒白、黑、紫色相间。2013 年品尝鉴定：外观好，色泽好，籽粒排列整齐、饱满，秃尖小，籽粒，柔嫩适口，有特有香味，无异味，黏软香甜，籽粒皮薄，无渣。出苗至采收生育期 100 天，属中熟甜糯鲜食杂交品种。该品种适口性好，品质优良，商品性好，但在丝黑穗病、大斑病和红叶病流行区域种植时应做好防治工作。

产量表现： 2012 年区域试验平均亩产 1255.3kg，较对照平均值增产 6.7%；2013 年区域试验平均亩产 1256.8kg，较对照平均值减产 7.1%；两年区域试验平均亩产 1256.1kg，平均减产 0.2%。

栽培技术要点： （1）适时播种：4 月中下旬播种，播前种子进行包衣处理。（2）种植方式与密度：单种，宽窄行种植，宽行 80cm，窄行 40cm，株距 30cm，亩密度 3500～4000 株，在高肥水地块，适当降低密度，防止倒伏。（3）施肥：亩基施优质农家肥 3000kg、磷酸二铵 15～20kg；拔节期结合灌头水亩追施碳铵 15～20kg。（4）田间管理：出苗后，及时间苗、定苗，保证苗齐、苗全、苗壮。授粉后 25 天左右采收鲜果穗。

适宜种植地区： 适宜宁夏灌区鲜食种植。

农科玉 368

审定编号： 宁审玉 2015029

选育单位： 北京华奥农科玉育种开发有限责任公司杂交选育而成，宁夏回族自治区种子工作站引入。

品种来源：京糯6×D6644

特征特性：幼苗叶片绿色，叶鞘紫色，叶缘绿色，第一叶盾形，株型半紧凑，成株19片叶，株高253cm，穗位高126cm，雄穗分枝14个，颖壳淡紫色，花药紫色，雌穗花丝淡紫色，果穗锥形，穗长18.0cm，穗粗5.3cm，穗行数14～16行，行粒数39粒，鲜百粒重34.1g，鲜出籽率70.5%，穗轴白色，籽粒白色，甜糯籽粒分离为1:3。2013年河南农业大学检测：鲜籽粒粗淀粉67.3%，支链淀粉98.0%，皮渣率10.3%。2013年品尝鉴定：外观好，色泽较好，籽粒排列较整齐、饱满，秃尖较长，柔嫩适口，有特有香味，无异味，黏软香甜，籽粒皮较薄，有少量渣。出苗至采收生育期101天，属中熟甜糯鲜食型杂交品种。

产量表现：2012年区域试验平均亩产1348.1kg，较对照平均值增产14.6%；2013年区域试验平均亩产1357.2kg，较对照平均值增产0.3%；两年平均亩产1352.7kg，平均增产7.5%。

栽培技术要点：（1）适期播种：播种须保证土壤温度稳定在12℃以上。（2）合理密植：行距60cm，株距30cm，亩密度3500株，注意与其他类型玉米隔离种植。（3）加强田间管理：有机肥与氮、磷、钾合理搭配，每亩施肥总量一般不低于纯氮20kg、五氧化二磷10kg、氧化钾15kg；肥料分配一般为基肥40%，苗肥20%，穗肥40%；结合施肥及时中耕，做好壅土培根以防倒伏；注意防涝防旱。（4）病虫害防治：用高效低毒低残留农药及时防治地下害虫、食叶害虫、玉米螟、粗缩病、纹枯病等。（5）适时采收：授粉后20～22天采收鲜果穗。

适宜种植地区：适宜宁夏灌区鲜食种植。

京科糯 2000

审定编号：宁审玉2015030

选育单位：北京市农林科学院玉米研究中心杂交选育而成，宁夏回族自治区种子工作站引入。

品种来源：京糯6×BN2

特征特性：幼苗叶鞘紫色，株型半紧凑，成株19片叶，株高259.9cm，穗位高121.6cm，雄穗分枝15个，颖壳粉红色，花药绿色，雌穗花丝黄绿色，果穗锥形，穗长19.3cm，穗粗5.1cm，秃尖1.1cm，穗行数12～14行，行粒数42.2粒，鲜百粒重38.1g，鲜出籽率70.0%，穗轴白色，籽粒白色。2013年品尝鉴定：外观好，色泽好，籽粒排列整齐、饱满，秃尖长，柔嫩适口，有特有香味，无异味，黏软香甜，籽粒皮薄，细腻无渣。该品种丰产，抗性好，适应性广。出苗至采收生育期101天，属中熟甜糯鲜食杂交品种。

产量表现：2012年区域试验平均亩产1524.6kg，较对照平均值增产29.6%；2013年区域试验平均亩产1531.5kg，较对照平均值增产13.2%；两年区域试验平均亩产1528.1kg，平均增产21.4%。

栽培技术要点：（1）播种：注意隔离，适期早播。（2）密度：行距60cm，株距30cm，亩种植密度3000株。（3）施肥：亩施纯氮10～15kg，注意磷钾肥配合。（4）田间管理：3～4叶展定苗；种子包衣防茎腐病；大喇叭口期心叶投颗粒杀虫剂防玉米螟；注意防倒伏。（5）适时采收：授粉后20～22天采收鲜果穗。

适宜种植地区：适宜宁夏灌区鲜食种植。

美玉糯 16 号

审定编号： 宁审玉 2015031

选育单位： 海南绿川种苗有限公司杂交选育而成，宁夏回族自治区种子工作站引入。

品种来源： HE703×HE729nct

特征特性： 幼苗叶鞘紫红色，叶片绿色，株型半紧凑，成株 17～18 片叶，株高 265cm，穗位高 125cm，雄穗分枝 10～15 个，颖壳绿色，花药淡黄色，雌穗花丝粉白色，果穗锥形，穗长 19.5cm，穗行数 16 行，行粒数 38 粒，单穗粒重 210g，穗轴白色，籽粒红、白相间，鲜百粒重 34.2g，鲜出籽率 71.5%。2014 年农业部谷物品质监督检验测试中心测定：粗蛋白质 12.15%，粗脂肪 6.13%，粗淀粉 68.83%，支链淀粉 2.46%，赖氨酸 0.36%。2013 年品尝鉴定：外观好，色泽好，籽粒排列整齐、饱满，柔嫩适口，鲜香无异味，黏软香甜，籽粒皮薄，细腻无渣。出苗至采收生育期 98 天，属中熟甜糯鲜食型杂交品种。该品种果穗均匀，成品率高，苞叶浓绿，耐贮运。

产量表现： 2012 年区域试验平均亩产 1371.0kg，较对照平均值增产 16.6%；2013 年区域试验平均亩产 1468kg，较对照平均值增产 8.5%；两年区域试验平均亩产 1419.5kg，平均增产 12.6%。

栽培技术要点： （1）种植方式：单种，行距 70cm，株距 23～27cm，亩密度 3500～4200 株。（2）播种：4 月 10～25 日播种，地表 5cm 土壤温度稳定通过 12℃以上，亩用种 1.0kg，机播或人工精量点播；足墒适期一播全苗。（3）施肥与灌水：重施农家肥，合理配施 N、P、K 化肥及微肥，要求土壤肥力中等以上，足施有机底肥，带够种肥，苗肥亩施磷肥 15kg，开沟培土足施追肥，亩追施尿素 30～40kg；全生育期灌水 3～4 次；后期防旱。（4）加强管理：前期深中耕，促苗全、苗壮，中耕 2～3 次；用 20%克福戊种衣剂包衣防治地老虎、丝黑穗病；大喇叭口期心叶投颗粒杀虫剂防玉米螟。（5）适时采收：授粉后 20～25 天内采收鲜果穗，以糯粒成熟为标准。

适宜种植地区： 适宜宁夏灌区鲜食种植。

宁单 18 号

审定编号： 宁审玉 2014001

选育单位： 宁夏贺兰县种子公司杂交选育而成。

品种来源： W123×W316

特征特性： 幼苗叶鞘紫色，叶色深绿，株型半紧凑，全株 21 片叶，叶片上挺、叶尖下披，株高 244cm，穗位 100cm，雄性分枝 10 个，护颖绿色，花粉量大，花药黄色，雌穗花丝红色，苞叶适中，穗长 19.3cm，穗粗 5.5cm，穗行数 16～22 行，行粒数 37 粒，单穗粒重 220g，百粒重 34.9g，出籽率 83.7%，果穗长筒形，红轴，籽粒排列紧密，硬粒型，橙红色。2012 年农业部谷物品质监督检验测试中心检测：容重 780g/L，粗蛋白质（干基）9.57%，粗脂肪（干基）4.01%，粗淀粉（干基）72.02%，赖氨酸（干基）0.31%。生育期 138 天，比对照晚熟 2 天，属中晚熟杂交品种。2012 年中国农业科学院抗病虫性鉴定：高抗大小斑病，中抗腐霉茎腐病、矮花叶病，高感丝黑穗病、玉米螟。2012年北京市农林科学院DNA检测符合要求。该品种田间生长整齐，根系发达，茎秆坚韧，抗倒伏，活秆成熟，品质优，适应性强，丰产稳产。

产量表现： 2011年区域试验套种平均亩产632.6kg，较对照沈单16号增产15.44%，极显著；2012年区域试验套种平均亩产627.5kg，较对照沈单16号增产9.98%，极显著；两年区域试验套种平均亩产630.1kg，较对照沈单16号增产12.7%。2012年生产试验套种平均亩产560.0kg，较对照沈单16号增产8.6%。

栽培技术要点： （1）种植方式：套种，麦套玉米122模式（12行小麦，2行玉米，麦玉带宽2m，其中小麦带宽1.3m)，玉米行距离小麦行0.2m，玉米行距0.3m，亩密度3500～3800株。（2）播种：播期4月10～22日，地表5cm土壤温度稳定12℃，亩用种2.0kg，机播或人工精量点播，足墒适期一播全苗。（3）施肥与灌水：重施农家肥，合理配施N、P、K化肥及微肥，要求土壤肥力中等以上；足施有机底肥，带够种肥，苗施磷肥15kg，追施尿素30～40kg；全生育期灌水3～5次，前期适当迟灌少灌，抽雄授粉期及时灌水。（4）加强管理：前期深中耕，促苗全、苗壮，中耕2～3次；及时防治病虫害，用63%克福戊种衣剂包衣防治丝黑穗病，大喇叭口期心叶投颗粒杀虫剂防玉米螟；适时收获。

适宜种植地区： 适宜宁夏引黄灌区套种。

宁单19号

审定编号： 宁审玉2014002

选育单位： 宁夏农林科学院农作物研究所杂交选育而成。

品种来源： ZX544×ZS1085

特征特性： 幼苗叶鞘紫色，叶片绿色，株型紧凑，株高287cm，穗位高124cm，成株20片叶，雄穗分枝8～10个，花药黄色，护颖黄色，雌穗花丝紫红色，果穗筒形，穗长20.4cm，穗粗5.1cm，穗行数18行，行粒数43粒，出籽率85.3%，百粒重34.8g，穗轴红色，籽粒黄色、半马齿型。2012年农业部谷物品质监督检验测试中心测定：容重752g/L，粗蛋白（干基）10.19%，粗脂肪（干基）4.91%，粗淀粉（干基）71.86%，赖氨酸（干基）0.32%。生育期140天，比对照沈单16号晚熟2天，属中晚熟杂交品种。2012年中国农业科学院抗病虫性鉴定：高抗大斑病，中抗茎腐病、玉米螟，抗小斑病，感丝黑穗病，高感矮花叶病。2012年北京市农林科学院DNA检测符合要求。该品种耐盐碱、耐瘠薄，适应性强。

产量表现： 2010年区域试验套种平均亩产573.4kg，较对照沈单16号增产10.8%；2011年区域试验套种平均亩产507.9kg，较对照沈单16号减产0.39%；2012年区域试验套种平均亩产645.7kg，较对照沈单16号增产13.18%；三年区域试验套种平均亩产575.7kg，较对照沈单16号增产8.1%。2011年生产试验套种平均亩产530.8kg，较对照沈单16号增产0.92%；2012年生产试验套种平均亩产586.2kg，较对照沈单16号增产13.69%；两年生产试验套种平均亩产558.5kg，较对照沈单16号增产7.31%。

栽培技术要点： （1）种植方式：套种，亩密度3500株。（2）播种：播种期4月10～25日，亩播种量2～3kg，机播或人工播种。（3）施肥与灌水：基施农家肥，合理配施N、P、K等化肥及微肥，亩基施磷酸二铵15kg和尿素25kg，亩追施磷酸二铵10kg和尿素25kg，全生育期灌水3～4次。（4）加强管理：

种子包衣防病害，由于高感矮花叶病，玉米播种前对田埂、渠边喷施杀虫剂防治蚜虫、灰飞虱。苗期早中耕，促苗壮，并防治地下害虫，中后期防治病虫害，如蚜虫、玉米螟、红蜘蛛等，适当晚收获。

适宜种植地区：适宜宁夏引黄灌区套种。

宁单 20 号

审定编号：宁审玉 2014003

选育单位：宁夏固原市农业科学研究所和宁夏昊玉种业公司杂交选育而成。

品种来源：M611×M612

特征特性：幼苗叶鞘、基部淡紫色，株型紧凑，全株 18 片叶，叶色深绿，叶距较大，株高 232cm，穗位 92cm，茎粗 2.3cm，雄穗分枝 8 个，颖壳淡紫色，花药紫色，花粉黄色，雌穗花丝淡紫色，果穗筒形，穗长 19.8cm，穗粗 4.8cm，双穗率 5%，每穗 16 行，每行 35.4 粒，出籽率 80%，百粒重 32.6g，穗轴红色，籽粒黄色、半马齿型。生育期 138 天，较对照登海 1 号早熟 12 天，属早熟杂交品种。2012 年农业部谷物品质监督检验测试中心（北京）测定：籽粒容重 698g/L，粗蛋白 10.41%，粗脂肪 3.59%，粗淀粉 73.48%，赖氨酸 0.32%。2013 年中国农业科学院抗病虫性鉴定：抗丝黑穗病、大斑病，中抗茎腐病、小斑病，高感矮花叶病。2012 年北京玉米种子检测中心 DNA 检测结果符合要求。该品种出苗整齐，苗势旺盛，耐旱、抗寒，根系发达，茎秆坚韧，抗倒伏，活秆成熟。

产量表现：2009 年区域试验平均亩产 530.8kg，较对照冀承单 3 号增产 23.47%；2010 年区域试验平均亩产 615.0kg，较对照冀承单 3 号增产 39.08%；2011 年区域试验平均亩产 563.8kg，较对照登海 1 号增产 10.31%；三年区域试验平均亩产 569.9kg，较对照增产 24.3%。2011 年生产试验平均亩产 616.0kg，较对照登海 1 号平均增产 11.13%。

栽培技术要点：（1）种植方式：地膜覆盖种植，根据土壤墒情先覆膜后播种或先播种后覆膜两种方式，行距 50cm，株距 30cm，亩密度 4000 株。（2）播种：播种期 4 月 10～20 日，机播或人工播种。（3）施肥：重施基肥，秋季亩施农家肥 3000～4000kg，磷酸二铵 10～15kg；合理追施 N、P 化肥及叶面肥。（4）加强后期管理：包衣或苗期喷施抗病毒类农药有效防治矮花叶病，并及时防治其他病虫害，适时收获。

适宜种植地区：适宜宁南山区海拔 1700～1900m 的旱地覆膜种植。

宁单 21 号

审定编号：宁审玉 2014004

选育单位：宁夏钧凯种业有限公司杂交选育而成。

品种来源：A24×R15

特征特性：幼苗叶鞘紫色，叶片略带紫色，株型紧凑，株高 229cm（套种）～270cm（单种），穗位

95.5cm（套种）～115cm（单种），茎粗2.0cm，全株20片叶，叶片中宽，叶色深绿，穗位叶为第14片叶，穗位叶以上叶片直立、茎节短，穗位叶以下叶片稍平、茎节稍长，雄穗分枝5～7个，颖壳淡紫色，花粉量少，雌穗花丝淡紫色，果穗筒形，秃尖短，穗长18cm，穗粗5.15cm，每穗16行，每行35粒，出籽率85.3%，百粒重39.7g，穗轴红色，籽粒橙黄色、马齿型。2012年农业部谷物品质监督检验测试中心测定：容重764g/L，水分11.0%，粗蛋白（干基）8.04%，粗脂肪（干基）3.68%，粗淀粉（干基）74.84%，赖氨酸（干基）0.29%。生育期139天，与对照沈单16号相当，属中熟杂交品种。2012年中国农业科学院抗病虫性鉴定：高抗大斑病、茎腐病，抗小斑病，感丝黑穗病，高感矮花叶病、玉米螟。2012年北京市农林科学院DNA检测符合要求。该品种植株健壮，抗倒伏，活秆成熟。

产量表现： 2010年区域试验单种平均亩产1091.8kg，较对照沈单16号增产7.9%；2011年区域试验单种平均亩产1091.9kg，较对照先玉335增产6.4%；两年区域试验单种平均亩产1091.85kg，较对照增产7.15%。2010年区域试验套种平均亩产614.8kg，较对照沈单16号增产9.3%；2011年区域试验套种平均亩产613.7kg，较对照沈单16号增产11.99%；2012年区域试验套种平均亩产630.2kg，较对照沈单16号增产12.66%；三年区域试验套种平均亩产619.6kg，较对照沈单16号增产11.3%。2011年生产试验单种平均亩产1032.2kg，较对照先玉335增产6.89%；2012年生产试验套种平均亩产568.2kg，较对照沈单16号增产10.19%。

栽培技术要点： （1）种植方式：套种或单种。套种玉米边行距小麦不少于20cm，玉米株距25cm，亩密度3500株；单种采用宽窄行，行距40cm+80cm，株距24cm，亩密度4500株。（2）播种：机播或人工播种。播种期4月15日，亩用种2kg。（3）施肥：基施农家肥，播前亩施复合肥40～50kg；播种时带种肥磷酸二铵10kg；5月下旬至6月上旬亩追尿素15kg，6月下旬至7月上旬玉米大喇叭期亩追尿素30kg。（4）加强后期管理：看苗看地灌水，及时防治病虫害，种子包衣防丝黑穗病、矮花叶病，大喇叭口期心叶投颗粒杀虫剂防玉米螟；适当晚收获。

适宜种植地区： 适宜宁夏引扬黄灌区年≥10℃有效积温2700℃以上的地区单种或套种。

张玉 1355

审定编号： 宁审玉2014005

选育单位： 河北张家口市玉米研究所有限公司杂交选育而成，2010年银川农兴达种子有限责任公司引入。

品种来源： 501×203

特征特性： 幼苗第一叶鞘花青甙显红色，株型紧凑，株高247cm，穗位106cm，雄穗小穗密度中等，雄穗主轴与分枝的角度（基部1/3处）中等，雄穗侧枝姿势直，花药红色，雌穗花丝粉色，果穗长筒形，穗长18.2cm，穗粗5.4cm，穗行数14行，行粒数36.6粒，出籽率84%，百粒重38g，红轴，籽粒黄色、硬粒型。2012年农业部谷物品质监督检验测试中心检测：容重738g/L，粗淀粉72.01%，粗蛋白10.73%，粗脂肪3.54%，赖氨酸0.29%。生育期143天，比对照沈单16号晚熟6天，属中晚熟杂交品种。2012年中国农业科学院作物研究所抗病虫性鉴定：高抗大斑病、小斑病，中抗腐霉茎腐病，感矮花叶病、丝黑穗病，高感玉米螟。2012年北京市农林科学院DNA检测结果与新玉12相似。该品种果穗均匀，秃尖小，耐旱，耐瘠薄，抗倒，品质优，活秆成熟，适应性强，稳产性好。

产量表现： 2011年区域试验套种平均亩产602.0kg，较对照沈单16号增产9.86%，极显著；2012年区域试验套种平均亩产638.5kg，较对照沈单16号增产11.91%，极显著；两年区域试验平均亩产620.3kg，较对照沈单16号增产10.9%。2012年生产试验套种平均亩产539.3kg，较对照沈单16号增产4.6%。

栽培技术要点： （1）播种：精细整地，适时足墒播种，确保全苗。播深4～5cm，播期4月20～25日。（2）合理密植：套种，亩播1.8～2kg，亩密度3500～3800株。（3）加强田间管理：及时防治病虫害，用63%克福戊种衣剂包衣防病，大喇叭口期心叶投颗粒杀虫剂防玉米螟；适当晚收，加强收后果穗晾晒管理。

适宜种植地区： 适宜宁夏引黄灌区套种。

屯玉168

审定编号： 宁审玉2014006

选育单位： 北京屯玉种业有限责任公司杂交选育而成，宁夏润丰种业有限公司引入。

品种来源： T6708×T913

特征特性： 幼苗叶鞘深紫色，叶片绿色，叶缘紫色，雄穗护颖绿色，花药深紫色，雌穗花丝浅紫色。株型紧凑，株高260cm，穗位124cm，空秆率1.55%，双穗率1.08%，倒伏株率1.26%，倒折株率0.71%，黑粉病株率0.62%，果穗筒形，穗长18.4cm，穗粗5.4cm，秃尖1.7cm，穗行数18行，行粒数37粒，单穗粒重198g，百粒重32.4g，出籽率83.6%，白轴，籽粒黄色、半马齿型。2012年农业部谷物品质监督检验测试中心（北京）测定：容重722g/L，粗蛋白质（干基）9.67%，粗脂肪4.30%，粗淀粉71.12%，赖氨酸0.31%。生育期142天，比对照沈单16号晚4天，属晚熟杂交品种。2012年中国农业科学院作物科学研究所抗病虫性鉴定：高抗大斑病、茎腐病，中抗丝黑穗病，抗小斑病，高感矮花叶病，感玉米螟。2012年北京市农林科学院DNA检测结果符合要求。该品种抗倒，抗青枯，活秆成熟，生长整齐，适应性强，稳产性好。

产量水平： 2010年区域试验套种平均亩产605.1kg，较对照沈单16号增产7.6%；2011年区域试验套种平均亩产629.5kg，较对照沈单16号增产14.87%，极显著；2012年区域试验套种平均亩产621.2kg，较对照沈单16号增产8.89%，极显著；三年平均亩产618.6kg，较对照沈单16号增产10.5%。2012年生产试验套种平均亩产492.1kg，较对照沈单16号减产4.6%。

栽培技术要点： （1）种植方式：选择较肥沃的中上等土地种植，亩密度3500株，小麦玉米带宽2.0m，小麦带宽1.3m，3月上旬机播12行小麦，4月上旬种植2行玉米，玉米行离小麦行0.2m，玉米行距0.3m；（2）播种：播种期4月10～25日，地表5cm土壤温度稳定在12℃，亩播1.3～2.0kg（套种），机播或人工精量点播，足墒适期一播全苗。（3）施肥与灌水：施足底肥，亩施农家肥2000kg，磷酸二铵10kg，尿素 20kg；6 月上、中旬亩追施磷酸二铵 10kg，尿素 20kg；苗期要蹲苗，生育期灌水 3～4 次。（4）加强管理：前期深中耕，促苗全、苗壮，中耕 2～3 次；抽雄前中耕培土，防止后期倒伏；大喇叭口期心叶投颗粒杀虫剂防玉米螟；适期收获。

适宜种植地区： 适宜宁夏灌区套种。

宁单 14 号

审定编号： 宁审玉 2012001

选育单位： 宁夏科河种业有限公司杂交选育而成。

品种来源： PH6WC×Q2463

特征特性： 幼苗叶鞘绿色，叶片深绿，株型紧凑，株高 280cm，穗位 130cm，全株 21～22 片叶，花丝粉红色，雄穗分枝 3～5 个，颖壳绿色，花药黄色，花粉量中等，果穗长锥型，穗长 17.9cm，穗粗 5.1cm，穗行数 16～18 行，行粒数 36.8 粒，单穗粒重 203.6g，百粒重 33.9～39g，出籽率 79.2%，穗轴红色，籽粒红黄色、半马齿型。2011 年农业部谷物品质监督检验测试中心（北京）检测：容重 734g/L，粗蛋白质（干基）8.41%，粗脂肪 4.20%，粗淀粉 75.25%，赖氨酸 0.29%。生育期 140 天，较对照承 706 晚熟 3 天，属中早熟杂交品种。2011 年中国农业科学院作物科学研究所抗性接种鉴定：抗大斑病、丝黑穗病，中抗小斑病，高感矮花叶病、茎腐病、玉米螟。该品种活秆成熟，抗倒伏，丰产稳产。

产量表现： 2009 年宁南山区预备试验平均亩产 840.9kg，较对照承 706 增产 8.31%；2010 年宁南山区区域试验平均亩产 832.3kg，较对照承 706 增产 7.46%，显著；2011 年宁南山区区域试验平均亩产 887.8kg，较对照承 706 增产 10.46%，极显著；两年区域试验平均亩产 860.05kg，较对照承 706 增产 8.96%。2011 年宁南山区生产试验平均亩产 880.7kg，较对照承 706 增产 10.1%。

栽培技术要点： （1）播种：播期 4 月 10 日，播深 5～7cm，注意保墒。（2）合理密植：单种采用宽行 80cm、窄行 40cm，或等行距 60cm，株距 24～25cm，亩定苗 4400～4500 株。（3）施肥：重施农家肥，化肥氮磷钾按测土配方施肥标准分期追施。（4）病虫害防治：适时防治病虫害，早预防、早发现、早防治。（5）适时收获：收获时间不宜过早，最好在 9 月下旬。

适宜种植地区： 适宜在宁夏南部山区露地或覆膜种植，需≥10℃有效积温 2600℃。

宁单 15 号

审定编号： 宁审玉 2012002

选育单位： 宁夏西夏种业有限公司杂交选育而成。

品种来源： 辽 4545×金黄 91B

特征特性： 幼苗叶鞘紫色，叶片绿色，叶缘紫色，株型紧凑，株高 283cm，穗位 130cm，成株 22 片叶，花丝浅绿色，雄穗分枝 8～10 个，颖壳绿色，花药浅绿色，果穗锥型，穗柄短，苞叶中等，穗长 20 cm，穗粗 5.4 cm，秃尖 1.3cm，每穗 16～20 行，每行 38 粒，百粒重 38g，出籽率 87.9%，穗轴红色，籽粒黄色、马齿型。2011 年农业部谷物品质监督检验检测中心测定：粗蛋白（干基）7.97%，粗脂肪 3.59%，粗淀粉 75.75%，赖氨酸 0.25%。生育期 132 天，较对照先玉 335 晚熟 2 天，属中熟杂交品种。2011 年中国农业科学院作物科学研究所抗性接种鉴定：高抗茎腐病，中抗小斑病，抗大斑病，感矮花叶病、丝黑穗病，高感玉米螟。该品种苗势强，活秆成熟。

产量表现： 2010 年区域试验单种平均亩产 1018.0kg，较对照沈单 16 号增产 15.7%，极显著；2011 年区域试验单种平均亩产 976.5kg，较对照先玉 335 减产 1.49%；两年平均亩产 997.3kg，较对照增产 7.1%。2011 年生产试验平均亩产 1024.0kg，较对照先玉 335 增产 6.04%。

栽培技术要点： （1）选地：可在中等或高等肥力平地、岗地、低洼地等种植。（2）播期：地温稳定在 10℃以上即可播种。（3）栽培方式：单种亩密度 3800～4000 株。（4）施肥与灌水：结合秋整地破垄深施优质农家肥 1000kg/亩，种肥施用磷酸二铵 10～13kg/亩，硫酸钾 7～10kg/亩，尿素 4～7kg/亩，追施尿素 20kg/亩。生育期灌水 3～4 次。（5）加强管理：前期深中耕，促苗全、苗壮，中耕 2～3 次；抓好病、虫、草害的防治。在拔节前（生长至 5 个展开叶片之前）及时防治苗期病虫害。大喇叭口期及时防治玉米螟。（6）适当晚收获，在苞叶变枯松，籽粒变硬发亮，出现黑层时收获可提高单产水平。

适宜种植地区： 适宜宁夏灌区单种，需≥10℃有效积温 2800℃。

宁单 16 号

审定编号： 宁审玉 2012003

选育单位： 宁夏丰禾种苗有限公司杂交选育而成。

品种来源： 9812×9965

特征特性： 幼苗叶鞘紫色，株型紧凑，叶片宽大，成株 20 片叶，株高 237cm（套种）、285cm（单种），穗位 110cm（套种）、124cm（单种），茎粗 2.1cm，雄穗分枝 10～15 个，颖壳绿色，花粉量大，花药黄色，花丝绿色，果穗筒型，穗长 20.7cm，穗粗 5.2cm，每穗 16～18 行，每行 37 粒，单穗粒重 207g，百粒重 36.5g，出籽率 82.2%，红轴，籽粒橙红色、半马齿型。2011 年农业部谷物品质监督检验测试中心测定：籽粒粗蛋白 7.59%，粗脂肪 2.78%，粗淀粉 76.61%，赖氨酸 0.27%。生育期 130 天，与对照先玉 335 相当，属中熟杂交品种。2011 年中国农业科学院作物科学研究所抗性接种鉴定：抗大斑病，中抗小斑病，感茎腐病，高感丝黑穗病、矮花叶病、玉米螟。该品种苗势强，活秆成熟，抗倒，耐密，丰产稳产。

产量表现： 2010 年区域试验单种平均亩产 1003.1kg，较对照沈单 16 号增产 14.1%；套种平均亩产 551.0kg，较对照沈单 16 号增产 6.4%；2011 年区域试验单种平均亩产 1105.6kg，较对照先玉 335 增产 7.7%；套种平均亩产 592.0kg，较对照沈单 16 号增产 16.1%。两年区域试验单种平均亩产 1054.4kg，较对照增产 10.9%；套种平均亩产 571.5kg，较对照增产 11.3%。2011 年灌区生产试验单种平均亩产 1033.0kg，较对照先玉 335 增产 6.97%；套种平均亩产 571.5kg，较对照沈单 16 号减产 1.62%。

栽培技术要点： （1）种植方式：采用套种或单种方式。单种密度 4000～5500 株/亩，套种密度 3500

株/亩。（2）播种：播期 4 月 10～25 日，播量：2～3kg/亩。播种方式：机播或人工播种。（3）施肥与灌水：基施农家肥外，底肥基施磷酸二铵 15kg/亩，尿素 25kg/亩，视地力情况可少量施钾肥；6 月上、中旬，追施磷酸二铵 10kg/亩，尿素 20kg/亩；生育期灌水 3～4 次。（4）加强管理：及时防治病虫害，适当晚收获。

适宜种植地区：适宜宁夏灌区单、套种，需≥10℃有效积温 2800℃。

宁单 17 号

审定编号：宁审玉 2012004

选育单位：宁夏科河种业有限公司杂交选育而成。

品种来源：A366×786

特征特性：幼苗叶鞘红色，叶片深绿，株型紧凑，株高 245cm（套种）、285cm（单种），穗位 110cm（套种）、穗位 126cm（单种），全株 22 片叶，雄穗分枝多，颖壳绿色，花药黄色，花丝黄绿色，果穗长筒型，穗长 19.5cm，穗粗 5.4cm，每穗 16～18 行，每行 39 粒，单穗粒重 191～221g，百粒重 37.8g，出籽率 85%，穗轴红色，籽粒黄色、马齿型。2011 年农业部谷物品质监督检验测试中心测定：容重 738g/L，粗蛋白质（干基）10.25%，粗脂肪 4.05%，粗淀粉 71.44%，赖氨酸 0.30%。春播，生育期 139 天，较对照沈单 16 号晚熟 1 天，属中晚熟杂交品种。2010 年中国农业科学院作物科学研究所抗性接种鉴定：高抗小斑病、茎腐病，抗大斑病，感矮花叶病，高感丝黑穗病、玉米螟。该品种苗势强，花粉量大，活秆成熟，抗倒伏。

产量表现：2009 年区域试验单种平均亩产 876.4kg，较对照沈单 16 号增产 18.0%；套种平均亩产 568.2kg，较对照沈单 16 号增产 11.3%，极显著；2010 年区域试验单种平均亩产 1104.1kg，较对照沈单 16 号增产 9.2%，显著；套种平均亩产 630.3kg，较对照沈单 16 号增产 12.0%，极显著；两年区域试验单种平均亩产 990kg，较对照沈单 16 增产 13%；套种平均亩产 599.3kg，较对照沈单 16 号增产 12%。2010 年生产试验单种平均亩产 1057.8kg，较对照沈单 16 号增产 4.7%；套种平均亩产 562.7kg，较对照沈单 16 号增产 8.3%。

栽培技术要点：（1）播种：播期 4 月 10 日，机械或人工播种，播深 5～7cm，注意保墒。（2）合理密植：套种亩定苗 3300～3500 株；单种采用宽行 80cm，窄行 40cm，株距 24～25cm，亩定苗 4400～4500 株。（3）施肥：重施农家肥，化肥氮磷钾按测土配方施肥标准分期追施。（4）病虫害防治：用 20% 克福戊种衣剂包衣防治地老虎、丝黑穗病、矮化叶病。大喇叭口期心叶投颗粒杀虫剂防玉米螟。（5）适时收获：收获时间不宜过早，最好在 9 月 20 号之后。

适宜种植地区：适宜宁夏灌区单种或套种，需≥10℃有效积温 2800℃。

正业 8 号

审定编号：宁审玉 2012005

选育单位：海南正业中农高科股份有限公司和宁夏农垦贺兰山特色林果有限责任公司杂交选育而成。

品种来源：ZF8801×ZF8045

特征特性：叶鞘紫色，叶绿色，株型紧凑，株高260cm，穗位114cm，茎粗1.9cm，雄穗分枝3～5个，护颖绿色，花粉量较大，花药黄色，花丝浅红色，果穗长筒型，穗长18.0cm，穗粗5.5cm，每穗16.9行，每行32.3粒，单穗粒重231.5g，百粒重43.6g，出籽率86.4%，轴紫红色，籽粒半马齿型、黄色。2011年农业部谷物品质监督检验测试中心（北京）测定：容重760g/L，粗蛋白（干基）7.95%，粗脂肪4.02%，粗淀粉75.99%，赖氨酸0.26%。生育期134天，与对照DK656相当，属中熟杂交品种。2011年中国农业科学院作物科学研究所抗性接种鉴定：高抗小斑病，抗大斑病、矮花叶病、茎腐病，高感丝黑穗病、玉米螟。该品种籽粒淀粉含量较高，活秆成熟，茎秆坚韧，高抗倒伏。

产量表现：2009年区域试验平均亩产923.9kg，较对照DK656增产13.64%；2010年区域试验平均亩产1060.1kg，较对照DK656增产9.61%；两年区域试验平均亩产992kg，较对照DK656增产11.45%。2010年生产试验平均亩产956.0kg，较对照DK656增产9.43%。

栽培技术要点：（1）播种：播期4月10～25日，亩密度4000～5500株。（2）肥水：结合秋耕亩施有机肥2000kg，播前结合耙地亩施基肥（或种肥）磷酸二铵7.5kg，尿素5kg。拔节期中耕时深施穗肥灌头水，亩施尿素10kg，磷酸二铵10kg；吐丝期追施粒肥灌二水，亩施尿素10kg；灌浆中后期根据田间湿度适时灌水。生育期施纯N15kg，$P_2O_5$10～15kg，K_2O7.5kg。（3）防病虫：用20%克福戊种衣剂包衣防治地老虎、丝黑穗病、矮化叶病。大喇叭口期心叶投颗粒杀虫剂防玉米螟。（4）收获：雌穗苞叶变黄白、松散，籽粒乳线消失收获。

适宜种植地区：适宜宁夏中部干旱带引黄灌区单种，需≥10℃有效积温2650℃。

大丰30

审定编号：宁审玉2012006

选育单位：山西大丰种业有限公司杂交育成，2009年宁夏红禾种子有限公司引入。

品种来源：A311×PH4CV

特征特性：幼苗绿色，叶鞘深紫色，叶缘紫色，叶背有紫晕，株型紧凑，成株果穗上1～3叶斜上冲，4～6叶直立上冲，全株21片叶，雄穗分枝4～5个，颖壳红色，花药紫色，花丝由淡黄转红，株高260cm，穗位93cm，果穗长筒型，粒长轴细，穗长19.1cm，秃尖0.8cm，每穗16～18行，每行36.9粒，百粒重32.3g，出籽率83.6%，轴深紫色，籽粒黄色、马齿型。2011年农业部谷物品质监督检验测试中心测定：容重750g/L，粗蛋白（干基）9.59%，粗脂肪3.60%，粗淀粉75.33%，赖氨酸0.35%。生育期140天，较对照承706晚熟3天，属中早熟杂交品种。2011年中国农业科学院作物科学研究所抗性接种鉴定：中抗小斑病，抗大斑病，感茎腐病、丝黑穗病，高感矮花叶病、玉米螟。该品种苗势强，活秆成熟，抗倒伏，丰产稳产，籽粒脱水快。

产量表现：2010年宁南山区区域试验平均亩产834.5kg，较对照承706增产7.75%；2011年宁南山区区域试验平均亩产880.2kg，较对照承706增产9.52%；两年平均亩产857.4kg，较对照承706增产8.6%。

2011 年宁南山区生产试验平均亩产 886.1kg，较对照承 706 增产 10.78%。

栽培技术要点：（1）播种：播期 4 月 20 日，保墒播种。（2）密度：单种，采用宽行 80cm、窄行 40cm，株距 25cm。或等行距 50cm，株距 30cm，亩密度 4500 株。（3）施肥：重施农家肥，化肥氮磷钾按测土配方标准分期追施。（4）病虫害防治：适时防治病虫害，早预防、早发现、早防治。（5）适时收获：收获时间不宜过早，最好在 9 月下旬。

适宜种植地区：适宜宁夏山区水地或旱地覆膜种植，需≥10℃有效积温 2600℃。

西蒙 6 号

审定编号：宁审玉 2012007

选育单位：宁夏银川西蒙种业有限公司杂交选育而成。

品种来源：J203×817-2

特征特性：幼苗叶鞘紫色，叶片略带紫色，株型紧凑，株高 300cm，穗位高 130cm，茎粗 2.0cm，全株 20 片叶，叶片中宽，叶色深绿，穗位叶为第 14 片叶，穗位叶以上叶片直立，茎节短，穗位叶以下叶片稍平、茎节稍长，雄穗分枝 7～9 个，颖壳淡紫色，花粉量少，花丝淡紫色，果穗筒型，秃尖短，穗长 22cm，穗粗 5.5cm，每穗 16 行，每行 40 粒，每穗 650 粒，单穗粒重 250g，出籽率 90.3%，百粒重 38.0g，穗轴红色，籽粒橙黄色、马齿型。2011 年农业部谷物品质监督检验测试中心（北京）测定：容重 734g/L，粗蛋白（干基）9.91%，粗脂肪 4.34%，粗淀粉 73.95%，赖氨酸 0.31%。生育期 126 天，较对照承 706 晚熟 2 天，属中早熟杂交品种。2010 年中国农业科学院作物科学研究所抗性接种鉴定：抗大斑病（1 级），抗小斑病（3 级），中抗茎腐病（3.7%），感丝黑穗病（8.9%），感矮花叶病（32.0%），高感玉米螟（9.0%）。该品种抗倒伏，活秆成熟，丰产稳产。

产量表现：2009 年宁南山区区域试验平均亩产 786.7kg，较对照承 706 增产 4.71%；2010 年宁南山区区域试验平均亩产 842.4kg，较对照承 706 增产 8.77%；两年平均亩产 814.55kg，较对照承 706 增产 6.74%。2010 年宁南山区生产试验平均亩产 830.4kg，较对照承 706 增产 12.31%。

栽培技术要点：（1）种植方式：单种，采用宽窄行或行距 60cm，株距 25cm，亩密度 4500 株。（2）播种：播期 4 月 15 日，亩播量 2kg，机播或人工播种。（3）施肥：基施农家肥，结合中耕可一次或多次施肥，生育期亩施磷酸二铵 42kg，尿素 45kg。生长前期追施钾、锌等微肥。（4）加强管理：前期深中耕，促苗全、苗壮，中耕 2～3 次；用 20%克福戊种衣剂包衣防治地老虎、丝黑穗病、矮化叶病。大喇叭口期心叶投颗粒杀虫剂防玉米螟。（5）及时收获。

适宜种植地区：适宜宁夏南部山区露地或覆膜种植，需≥10℃有效积温 2600℃。

强盛 16 号

审定编号：宁审玉 2012008

选育单位：山西强盛种业有限公司杂交选育而成。

品种来源：728×729

特征特性：幼苗浓绿色，叶鞘紫色，叶缘紫色，株型紧凑，叶片上冲，成株21片叶，株高250cm，穗位107cm，雄穗分枝10个，颖壳有淡红色晕，花药浅紫色，花丝粉色，果穗长筒型，穗长20.9cm，秃尖0.5cm，每穗16～18行，每行47.4粒，穗轴红色，单穗粒重268.0g，出籽率84.1%，百粒重41.3g，籽粒橙红色、半马齿型。2010年农业部谷物品质监督检验测试中心（北京）测定：容重793g/L，粗蛋白（干基）9.53%，粗脂肪3.98%，粗淀粉74.38%，赖氨酸0.28%。生育期126～142天，与对照沈单16号相当，属中晚熟杂交品种。2010年中国农业科学院作物科学研究所抗性接种鉴定：高抗小斑病、茎腐病、丝黑穗病、大斑病、矮花叶病、玉米螟，抗黑粉病。该品种容重高，种子拱土能力强，抗病性强，抗倒伏，活秆成熟。

产量表现：2009年区域试验单种平均亩产990.1kg，较对照沈单16号增产12.2%；套种平均亩产499.5kg，较对照沈单16号增产13.7%。2010年区域试验单种平均亩产1047.0kg，较对照沈单16号增产3.5%，不显著；套种平均亩产576.1kg，较对照沈单16号增产2.4%，不显著。两年区域试验单种平均亩产1018.5kg，较对照沈单16号增产7.9%；套种平均亩产537kg，较对照沈单16号增产8.1%。2010年生产试验单种平均亩产1063.9kg，较对照沈单16号增产5.3%；套种平均亩产559.6kg，较对照沈单16号增产7.7%。

栽培技术要点：（1）播期：4月下旬至5月上旬播种。（2）密度：单种亩保苗5000株，套种亩保苗3300～3500株。（3）施肥：施足农家肥，底肥亩施玉米专用肥40kg或亩施种肥二铵25kg，复合肥12kg，尿素10kg，亩追尿素30kg，磷酸二铵15kg。（4）制种技术：制种时父、母本同期播种，70%父本与母本同播，7天后播二期父本，第二期播30%父本，父、母本行比1:5，父、母本亩密度4000株。

适宜种植地区：适宜宁夏灌区单种或套种，需≥10℃有效积温2800℃。

方玉36

审定编号：宁审玉2012009

选育单位：河北省德华种业有限公司杂交选育而成，2010年宁夏绿茵种业公司引入。

品种来源：F501×H09

特征特性：幼苗叶鞘淡紫色，叶片绿色，叶缘紫色，株型半紧凑，株高226cm，穗位110cm，成株叶片22片。雄穗分枝16个，颖壳绿色，花药绿色，花丝绿色，果穗筒型，穗柄短，苞叶短，穗长18.5cm，穗粗5.6cm，每穗14～16行，每行37粒，穗轴粉色，百粒重42.4g，出籽率84.9%，籽粒黄色、马齿型。2011年农业部谷物品质监督检验测试中心测定：水分10.6%，粗蛋白质（干基）8.19%，粗脂肪3.96%，粗淀粉74.3%，赖氨酸0.27%。生育期142天，较对照沈单16号晚熟2天，属中晚熟杂交品种。2011年中国农业科学院作物科学研究所抗病性鉴定：中抗大斑病，抗小斑病、茎腐病，感丝黑穗病，高感矮花叶病、玉米螟。该品种根系发达，苗势强，茎秆粗壮，抗倒伏，活秆成熟。

产量表现：2010年区域试验套种平均亩产549.3kg，较对照沈单16号增产11.5%，极显著；2011年区域试验套种平均亩产 602.3kg，较对照沈单 16 号增产 18.10%，极显著；两年平均亩产 575.8kg，增产 14.8%。2011 年生产试验套种平均亩产 527.6kg，较对照沈单 16 号增产 0.30%。

栽培技术要点：（1）选地：肥力中等以上的地均可种植。（2）播期：4 月末至 5 月初播种，种子包衣，亩播量 3.0kg。（3）种植密度：3000～3500 株/亩。（4）施肥：亩施种肥磷酸二铵 15～20kg，大喇叭口期追施尿素 25～30kg。（5）灌水：浇足底墒水，大喇叭口期结合施肥浇水一次，灌浆期根据降水情况决定灌水次数。（6）病虫害防治：种子包衣，去除杂草，病株，及时防病；大喇叭口期用 1.5%辛硫磷颗粒剂按 1:15 拌煤渣或细沙，每株 1g 撒入心叶防玉米螟一次。

适宜种植地区：适宜宁夏引黄灌区套种，需≥10℃有效积温 2800℃。

DK519

审定编号：宁审玉 2012010

选育单位：孟山都科技有限责任公司杂交选育而成，中种迪卡种子有限公司引入。

品种来源：CL83（MP6550）×HCL645（SE6783）

特征特性：幼苗叶鞘紫色，株型紧凑，全株 21 片叶，后期持绿性好，雄穗一级分枝 6 个，颖壳绿色，花药粉红色，花丝黄绿色，株高 260cm（单种）、224cm（套种），穗位 110cm（单种）、98cm（套种），穗粒重 201g（单种）、176g（套种），果穗筒型，穗长 18.2cm，穗粗 4.8cm，秃尖 1cm，每穗 18 行，每行 37 粒，百粒重 35g，籽粒顶端黄色、侧面偏橘红色、马齿型。2010 年农业部谷物品质监督检验测试中心测定：容重 758g/L，粗蛋白（干基）9.57%，粗脂肪 3.50%，粗淀粉 74.68%，赖氨酸 0.30%，水分 12.5%。生育期 136 天，较对照沈单 16 号早熟 2 天，属中晚熟杂交品种。2010 年中国农业科学院作物科学研究所抗性接种鉴定：高抗茎腐病，抗大小斑病，感矮花叶病、丝黑穗病，高感玉米螟。该品种活秆成熟，丰产稳产，适应性广。

产量表现：2009 年区域试验单种平均亩产 870.9kg，较对照沈单 16 号增产 17.3%；套种平均亩产 560.3kg，较对照沈单 16 号增产 9.8%；2010 年区域试验单种平均亩产 1076.1kg，较对照沈单 16 号增产 6.4%；套种平均亩产 624.6kg，较对照沈单 16 号增产 11.0%，不显著；两年单种平均亩产 973.5kg，较对照沈单 16 号增产 11.85%；套种平均亩产 592.45kg，较对照沈单 16 号增产 10.4%。2010 年生产试验单种平均亩产 1054.3kg，较对照沈单 16 号增产 4.3%；套种平均亩产 565.6kg，较对照沈单 16 号增产 8.9%。

栽培技术要点：（1）种植方式：采用套种或单种方式。套种玉米边行距小麦不少于 20cm，亩密度 3500 株；单种采用宽窄行或行距 55cm，亩密度 4500～5000 株。（2）播种：播期 4 月 10 日左右，亩用种 2.0kg（套种）～3.0kg（单种）。机播或人工播种。（3）施肥与灌水：重施农家肥，合理配施 N、P、K 化肥及微肥。（4）加强管理：前期深中耕，促苗全、苗壮，中耕 2～3 次；用 20%克福戊种衣剂包衣防治地老虎、丝黑穗病、矮化叶病。大喇叭口期心叶投颗粒杀虫剂防玉米螟。（5）适时收获。

适宜种植地区：适宜宁夏灌区单种或套种，需≥10℃有效积温 2800℃。

晋单 52 号

审定编号： 宁审玉 2012011

选育单位： 山西金鼎生物种业股份有限公司杂交选育而成。

品种来源： 金 304-2×金 05-1

特征特性： 幼苗叶鞘紫色，株型紧凑，株高 234cm，穗位高 103cm，叶片稍宽，叶色深绿，雄穗分枝 18 个，颖壳绿色，花药黄色，花丝粉红色，果穗筒型，穗长 16.7cm，每穗 16～18 行，每行 37.5 粒，单穗粒重 221.4g，百粒重 37.7g，出籽率 87.9%，穗轴白色，籽粒黄色、半马齿型。2011 年农业部谷物品质监督检验测试中心（北京）测定：容重 729kg/L，粗蛋白（干基）8.94%，粗脂肪 4.41%，粗淀粉 75.84%，赖氨酸 0.26%。生育期 136 天，较对照 DK656 晚熟 2 天，属中熟杂交品种。2010 年中国农业科学院作物科学研究所抗性接种鉴定：中抗大斑病，抗小斑病、矮花叶病、茎腐病，高感丝黑穗病和玉米螟。该品种生长势强，抗倒伏，适应性好，活秆成熟。

产量表现： 2009 年区域试验平均亩产 917.3kg，较对照 DK656 增产 12.83%；2010 年区域试验平均亩产 1084.5kg，较对照 DK656 增产 12.13%；两年平均亩产 1000.9kg，较对照 DK656 增产 12.48%。2010 年生产试验平均亩产 961.3kg，较对照 DK656 增产 10.04%。

栽培技术要点：（1）种植方式：单种，采用宽窄行（80:40）或行距 55cm，株距 22cm，亩密度 5500 株。（2）播种：播期 4 月 10～25 日，亩用种 2.0kg，机播或人工精量点播。足墒适期一播全苗。（3）施肥与灌水：重施农家肥，合理配施 N、P、K 化肥及微肥，要求土壤肥力中等以上，足施有机底肥，带够种肥，苗施磷肥 15kg，追施尿素 30～40kg，生育期灌水 3～4 次。开沟培土足施追肥，后期防旱。（4）加强管理：前期深中耕，促苗全、苗壮，中耕 2～3 次；用 20%克福戊种衣剂包衣防治地老虎、丝黑穗病、矮化叶病。大喇叭口期心叶投颗粒杀虫剂防玉米螟。（5）适时收获。

适宜种植地区： 适宜宁夏中部干旱带引黄灌区单种，需≥10℃有效积温 2650℃。

中夏糯 68

审定编号： 宁审玉 2012012

选育单位： 中国农业大学国家玉米改良中心和宁夏农林科学院农作物研究所杂交选育而成。

品种来源： C712×NDW68

特征特性： 幼苗叶鞘紫色，叶片深绿色，叶缘绿色，株型紧凑，株高 281cm，穗位 122cm，茎粗 2.6cm，全株 22 片叶，雄穗分枝 15 个，颖壳黄色，花粉黄色，雌穗锥型，花丝红色，穗轴白色，籽粒紫白黄色、硬粒型。2011 年宁夏食品质量监督检验二站测定：鲜穗采收期鲜籽粒淀粉 30.2%，蛋白质 3.3%，粗脂肪 0.10%，可溶性糖 4.4%。糯性，春播生育期 113 天，出苗至采收期 95 天，较对照万粘 3 号晚熟 5～13 天，较对照京科糯 2000 早熟 5～10 天；冬麦后复种出苗至采收期 85 天，较对照万粘 3 号晚熟 6 天，属中熟杂交品种。田间高抗大、小斑病，抗矮花叶病，中抗玉米螟、瘤黑粉病。该品种果穗外观、色泽好，皮薄，糯性强，食味、口感好，综合抗性强，苗势旺，籽粒灌浆速度快。

产量表现： 2010 年春播和冬麦后复种品比试验综合评分 5 分（5 分制），味香，糯性强，适口性好，皮薄，亩产 1269kg，较对照万粘 3 号增产 27.03%，干籽粒百粒重 26.02g，出籽率 85.59%。2009 年春播生产试验鲜穗亩产 1224.67kg，较对照万粘 3 号增产 36.89%；2010 年春播生产试验鲜穗亩产 1307kg，较对照万粘 3 号增产 20.02%；两年平均亩产 1265.84kg，增产 28.46%。2010 年冬麦后复种生产试验鲜穗亩产 1085.4kg，较对照万粘 3 号增产 57.92%。

栽培技术要点： （1）隔离种植：与同生育期玉米隔离 300m 以上，或与其他玉米花期错开 15 天以上种植。（2）施足底肥：早春覆膜起垄前施足底肥，磷酸二铵 15kg，硫酸钾 5kg，结合起垄翻入垄床底部，肥料深施在垄床地表以下 25～30cm 处；冬麦后机械免耕直播，亩施磷酸二铵 10kg，尿素 10kg，硫酸钾 5kg。（3）安全播期：早春覆膜栽培适宜播期在 3 月 25 日至 4 月 5 日。为延长鲜果穗采收期，可根据上市时间调节播期，分期播种，最迟一批播期 7 月 5 日前。冬麦后复种安全播期 7 月 5 日前。（4）播深合理，紧贴湿土：播深 5～6cm，将种子播到湿土上。（5）合理密植：亩密度 4000～4500 株。（6）追肥：拔节期亩施尿素 10kg，磷酸二铵 10kg。（7）适时适量灌水：抽雄吐丝期、灌浆初期灌二水、三水，确保田间灌水不积水，严防倒伏。（8）人工辅助授粉，遇连续阴雨、干旱等天气，要在玉米开花授粉期进行人工辅助授粉。上午 9～11 时采用拉绳法、摇株法，促使植株散粉，进行 3～4 次即可。（9）病虫害防治：苗期防治地老虎。（10）适时采收：春播糯玉米在花丝发枯转成深褐色，雌穗授粉后 25 天左右采收；冬麦后复种在授粉结束后 28 天左右采收。采收时间以清晨为好，采收后一定要及时加工或销售，做到当天采收当天加工，从采摘到上市的时间压缩在 12 小时内，以防降低品质。

适宜种植地区： 适宜宁夏引黄灌区春播和冬麦后茬复种。

奥玉 3616

审定编号： 宁审玉 2012014
选育单位： 北京奥瑞金种业股份有限公司杂交选育而成。
品种来源： OSL209×丹 598
特征特性： 幼苗叶鞘浅紫色，叶片绿色，株型半紧凑，株高 262cm，穗位高 122cm，成株 20 片叶，雄穗分枝 13～19 个，颖壳绿色，花药黄色，花丝绿色，果穗筒型，穗长 18.6cm，穗粗 5.5cm，秃尖 1.3cm，每穗 16～18 行，每行 38 粒，单穗粒重 194g，穗轴白色，出籽率 84.8%，百粒重 34.9g，籽粒黄色、半马齿型。2011 年农业部谷物品质监督检验测试中心测定：粗蛋白（干基）7.62%，粗脂肪 3.51%，粗淀粉 75.63%，赖氨酸 0.25%。生育期 143 天，较对照晚熟 4 天，属中晚熟杂交品种。2011 年中国农业科学院作物科学研究所抗性接种鉴定：中抗大斑病、小斑病，感茎腐病、玉米螟、丝黑穗病，高感矮化叶病。该品种丰产稳产，适应性好。

产量表现： 2010 年区域试验套种平均亩产 613.1kg，较对照沈单 16 号增产 9.0%，显著；2011 年区域试验套种平均亩产 588.5kg，较对照沈单 16 号增产 7.40%，显著；两年平均亩产 600.8kg，平均增产 8.2%。

2011 年生产试验套种平均亩产 556.2kg，较对照沈单 16 增产 5.74%。

栽培技术要点：（1）与小麦套种，玉米、小麦带宽共计 2.0m，小麦带宽 1.3m，玉米带宽 0.7m。3 月上旬机播小麦，4 月上中旬种植玉米。玉米行离小麦行 0.2m，玉米行距 0.3m，亩密度 3500 株。（2）播种：播种期 4 月 10～25 日，地表 5cm 土壤温度稳定通过 12℃，亩用种 2.0kg，机播或人工精量点播。足墒适期一播全苗。（3）施肥与灌水：重施农家肥，合理配施 N、P、K 化肥及微肥，要求土壤肥力中等以上，足施有机底肥，带够种肥，苗施磷肥 15kg，追施尿素 30～40kg，生育期灌水 3～4 次。开沟培土足施追肥，后期防旱。（4）加强管理：前期深中耕，促苗全、苗壮，中耕 2～3 次；注意：用 20%克福戊种衣剂包衣防治地老虎、丝黑穗病、矮化叶病。大喇叭口期心叶投颗粒杀虫剂防玉米螟。

适宜种植地区：适宜宁夏灌区套种，需≥10℃有效积温 2800℃。

先正达 408

审定编号：宁审玉 2012015

选育单位：先正达（中国）投资有限公司隆化分公司杂交选育而成，2010 年三北种业有限公司和宁夏丰禾种苗有限公司引入。

品种来源：NP2034×HF903

特征特性：幼苗期叶鞘紫色，叶片绿色，茎绿色，株型半紧凑，株高 274cm，穗位高 106cm，成株可见叶片数 19 片，雄穗分枝 5～10 个，花药黄色，颖壳紫色，花丝浅紫色，果穗长筒型，穗长 18.7cm，秃尖 0.25cm，穗粗 4.8cm，每穗 14 行，每行 40 粒，单穗粒重 191.7g，百粒重 36g，空秆率 0.8%，出籽率 85.17%，穗轴红色，籽粒红黄色、半马齿型。农业部谷物品质监督检验测试中心测定：水分 10.7%、粗蛋白（干基）8.95%，粗脂肪 3.69%，粗淀粉 75.86%，赖氨酸 0.28%。生育期 134 天，较对照先玉 335 早熟 4 天，属中熟杂交品种。2011 年中国农业科学院作物科学研究所抗性接种鉴定：中抗小斑病、茎腐病，感大斑病、丝黑穗病，高感矮化叶病、玉米螟。该品种苗势强，抗旱抗寒，抗倒伏，耐密，丰产稳产。

产量表现：2010 年区域试验平均亩产 1030.6 kg，较对照 DK656 增产 6.56%；2011 年区域试验平均亩产 1060.6 kg，较对照先玉 335 增产 8.92%，显著；两年平均亩产 1045.6 kg，增产 7.7%。2011 年生产试验平均亩产 1009.5kg，较对照先玉 335 增产 11.13%。

栽培技术要点：（1）种植方式：等行距种植，行距 50cm，株距 23cm，亩密度 5500 株。（2）播种：播种期 4 月 10～25 日，地表 5cm 土壤温度稳定在 12℃，亩用种 2.0kg，机播或人工精量点播，足墒适期一播全苗。（3）施肥与灌水：重施农家肥，合理配施 N、P、K 化肥及微肥，要求土壤肥力中等以上，足施有机底肥，带够种肥，苗施磷肥 15kg，追施尿素 30～40kg，全生育期灌水 3～5 次。开沟培土足施追肥，后期防旱。（4）加强管理：前期深中耕，促苗全、苗壮，中耕 2～3 次。（5）病虫害防治：用 20%克福戊种衣剂包衣防治地老虎、丝黑穗病、矮化叶病。大喇叭口期心叶投颗粒杀虫剂防玉米螟。（6）适时收获：雌穗苞叶变黄白、松散，籽粒乳线消失收获。

适宜种植地区：适宜宁夏中部干旱带引黄灌区单种，需≥10℃有效积温 2650℃。

宁玉 524

审定编号： 宁审玉 2012017

选育单位： 江苏金华隆种子科技有限公司杂交选育而成，2008 年宁夏种子公司引入。

品种来源： 宁晨 26×宁晨 41

特征特性： 幼苗叶鞘紫色，叶片淡绿色，叶缘紫色，茎绿色，成株 19 叶片，株型紧凑，株高 282cm，穗位 126～133cm，雄穗分枝 5～6 个，颖壳绿色，花药淡紫色，花丝浅紫色，果穗长筒型，穗长 18.8cm，穗粗 5.2cm，每穗 16～18 行，每行 31.6 粒，百粒重 36.1g，单穗粒重 203g，出籽率 85.1%，轴红色，籽粒橙红色、马齿型。2011 年农业部谷物品质监督检验检测中心测定：容重 750g/L，粗蛋白（干基）8.51%，粗脂肪 3.58%，粗淀粉 75.75%，赖氨酸 0.28%。春播，生育期 131 天，较对照先玉 335 晚熟 1～3 天，属中熟杂交品种。2011 年中国农业科学院作物科学研究所抗性接种鉴定：高抗茎腐病，中抗小斑病，抗大斑病、矮花叶病，感丝黑穗病、玉米螟。该品种结实性好，抗倒伏。

产量表现： 2010 年区域试验平均亩产 970.8kg，较对照沈单 16 号增产 10.4%，显著。2011 年区域试验平均亩产 1031.0kg，较对照先玉 335 增产 0.42%；两年平均亩产 1000.9kg，较对照增产 5.4%；2011 年生产试验平均亩产 973.3kg，较对照先玉 335 增产 0.79%。

栽培技术要点：（1）种植方式：单种，采用等行距或宽窄行种植，亩密度 4500～5500 株。（2）播种：播期 4 月上中旬，机播或人工点播，每穴 2 粒。(3)施肥与灌水：结合秋整地破垄亩深施优质农家肥 1000kg，种肥亩施磷酸二铵 10～13kg，硫酸钾 7～10kg，尿素 4～7kg，亩追施尿素 20kg。生育期灌水 3～4 次。（4）加强管理：前期深中耕，促苗全、苗壮，中耕 2～3 次；种子包衣，在拔节前（生长至 5 个展开叶片之前）及时防治苗期病虫害。大喇叭口期及时防治玉米螟。（5）适当晚收获，在苞叶变枯松、籽粒变硬发亮、出现黑层时收获可以提高单产。

适宜种植地区： 适宜宁夏灌区单种，需≥10℃有效积温 2800℃。

富农 821

审定编号： 宁审玉 2012018

选育单位： 甘肃富农高科技种业有限公司杂交选育而成，2008 年固原市农科所和宁夏科泰种业有限公司引入。

品种来源： 9801×444

特征特性： 幼苗叶鞘淡绿，株型紧凑，株高 198cm，穗位高 76cm，茎粗 2.2cm，全株 18 片叶，叶色深绿，雄穗颖壳淡绿色，花药绿色，花粉黄色，雌穗花丝淡绿色，果穗筒型，穗长 19.0cm，穗粗 5.0cm，每穗 14～16 行，每行 38.3 粒，每穗 582 粒，单穗粒重 164.6g，百粒重 33.0g，出籽率 83.8%，轴白色，籽粒黄色、马齿型。2011 年农业部谷物品质监督检验测试中心（北京）测定：籽粒容重 711g/L，粗蛋白（干基）10.89%，粗脂肪 3.62%，粗淀粉 73.11%，赖氨酸 0.34%。生育期 138 天，较对照登海 1 号早熟 8～9

天，属早熟杂交品种。2011年中国农业科学院作物科学研究所抗性接种鉴定：中抗小斑病、茎腐病，抗大斑病，感丝黑穗病、玉米螟，高感矮花叶病。该品种耐旱抗寒，抗倒伏，活秆成熟，丰产稳产。

产量表现： 2009年宁南山区旱地区域试验平均亩产612.7kg，较对照冀承单3号增产42.52%；2010年宁南山区旱地区域试验平均亩产652.8kg，较对照冀承单3号增产47.63%；2011年宁南山区旱地区域试验平均亩产600.1kg，较对照登海1号增产17.41%；三年平均亩产621.8kg，较对照增产35.9%。2011年宁南山区旱地生产试验平均亩产628.5kg，较对照登海1号增产13.39%。

栽培技术要点： （1）种植方式：宁南山区海拔1700～1900m旱地采用地膜覆盖种植，根据土壤墒情，采用春、秋覆膜后播种或先播种后覆膜两种种植方式。行距50cm，株距30cm，亩密度4000株。（2）播种：播期4月10～20日，机播或人工播种。（3）施肥：重施基肥，秋季亩施农家肥3000～4000kg、磷酸二铵10～15kg。合理追施N、P化肥及叶面肥。（4）加强管理：种子包衣防病害，田间及时防治病虫害；适时收获。

适宜种植地区： 适宜宁南山区海拔≤1900m旱地覆膜种植，需≥10℃有效积温2500℃。

五谷704

审定编号： 宁审玉2012019
选育单位： 甘肃五谷种业有限公司杂交选育而成。
品种来源： WG6320×WG5603
特征特性： 幼苗叶鞘深紫色，叶片绿色，株型紧凑，株高259cm，穗位100cm，成株20片叶，雄穗分枝3～5个，颖壳紫色，花药紫色，花丝绿色转浅紫色，果穗筒型，穗长17.8cm，每穗18行，每行36粒，单穗粒重204g，出籽率86%，百粒重38g，轴白色，轴红色，籽粒黄色、半马齿型。2011年农业部谷物品质监督检验测试中心（北京）测定：容重743kg/L，粗蛋白（干基）7.9%，粗脂肪4.72%，粗淀粉74.17%，赖氨酸0.27%。生育期133天，较对照DK656早熟1天，属中熟杂交品种。2010年中国农业科学院作物科学研究所抗性接种鉴定：中抗大斑病，抗小斑病、茎腐病，感丝黑穗病，高感矮花叶病、玉米螟。该品种适应性强，抗旱，抗倒，抗青枯，丰产稳产。

产量表现： 2009年区域试验平均亩产953.4kg，较对照DK656增产17.27%；2010年区域试验平均亩产1079.5kg，较对照DK656增产11.62%；两年平均亩产1016.45kg，较对照DK656增产14.45%。2010年生产试验平均亩产955.9kg，较对照DK656增产9.42%。

栽培技术要点： （1）种植方式：单种，采用宽窄行60cm×40cm、65cm×35cm或等行距50cm，株距23cm，亩密度5500株。（2）播种：播种期4月10～25日，地表5cm土壤温度稳定在12℃，亩播量2.0kg，机播或人工精量点播。足墒适期一播全苗。（3）施肥与灌水：重施农家肥，合理配施N、P、K化肥及微肥，要求土壤肥力中等以上，足施有机底肥，带够种肥，苗施磷肥15kg，追施尿素30～40kg，全生育期灌水3～4次。开沟培土足施追肥，后期防旱。（4）加强管理：前期深中耕，促苗全、苗壮，中耕2～3次；用20%克福戊种衣剂包衣防治地老虎、丝黑穗病、矮化叶病。大喇叭口期心叶投颗粒杀虫剂防玉米螟。

适宜种植地区：适宜宁夏中部干旱带引黄灌区单种，需≥10℃有效积温 2650℃。

辽单 565

审定编号：宁审玉 2010001

选育单位：辽宁省农业科学院玉米研究所杂交选育而成，2005 年宁夏王太科技种业有限公司引入。

品种来源：中 106×辽 3162

特征特性：株高 230cm，全株 20 片叶，穗位高 95cm，果穗筒型，穗长 18.2cm，每穗 14～16 行，每行 34 粒，轴红色，籽粒黄色，马齿型，千粒重 352g，出籽率 87%。经农业部谷物品质监督检验测试中心（北京）测定：容重 728g/L，粗蛋白 8.57%，粗脂肪 3.79%，粗淀粉 74.95%，赖氨酸 0.30%。春播，生育期 136 天，较承 706 晚熟 4 天，属中晚熟型杂交品种。2009 年经中国农业科学院田间接种抗性鉴定：抗大、小斑病（3 级），高感矮花叶病（87.5%）、玉米螟（9.0），感茎腐病（34.6%），高抗丝黑穗病（0）。苗期长势强，根系发达，抗倒伏，抗旱、抗寒性好，植株清秀，轴细，适应性好，稳产性好。

产量表现：2007 年宁南山区区域试验（+5-1）亩产 732.9kg，较对照承 706 增产 1.9%；2008 年区试（+4-2）亩产 799.4kg，较对照承 706 增产 4.0%；2009 年区试（+6）亩产 791.2kg，较对照承 706 增产 5.31%；三年平均亩产 774.5kg，较对照承 706 增产 3.74%。2009 年宁南山区生产试验（+6）亩产 754.2kg，较对照承 706 增产 10.75%。

栽培技术要点：（1）种植密度：扬黄灌区单种亩密度 5000 株；宁南山区水地种植亩密度 4500～5200株；旱地亩密度 4000 株。（2）种植方式：宁南山区覆膜种植，秋施基肥，人工或机械穴播，每穴 2 粒种子。（3）施肥：重施农家肥，合理配施 N、P、K 及微肥。（4）加强管理：及时防治病虫害，适时收获。

适宜种植地区：适宜扬黄灌区单种，宁南山区川水地及海拔 1700m 以下旱塬地覆膜种植。

新引 KXA4574

审定编号：宁审玉 2010002

选育单位：德国 KWS 种子股份有限公司杂交选育而成，2007 年宁夏绿博种子有限公司引入。

品种来源：KW4M029×KW7M129

特征特性：幼苗芽鞘紫红色，绿叶，叶缘紫红色，株型紧凑，成株 21 片叶，单种株高 278cm，穗位高 110cm，花药粉红色，花粉量大，花丝紫红色，果穗长锥型，红轴，黄粒，马齿型。穗长 18.1cm，穗粗 5.1cm，每穗 14～16 行，每行 38 粒，出籽率 85.2%，单穗粒重 198.6g，百粒重 33.4g。经农业部谷物品质监督检验测试中心（北京）测定：籽粒容重 749g/L，粗蛋白 8.21%，粗脂肪 3.63%，粗淀粉 75.82%，赖氨酸 0.28%。春播，生育期 144 天，比沈单 16 号晚 4 天，属中晚熟型杂交品种。2009 年经中国农业科学院人工接种鉴定：抗大斑病（3 级），抗小斑病（3 级），高感矮花叶病（76.5%），高抗茎腐病（3.3%），抗丝黑穗病（4.3%），高感玉米螟（9 级）。幼苗生长势强，果穗较均匀。

产量表现：2008 年区域试验套种（+4）平均亩产 592.5kg，较沈单 16 号增产 11.2%；单种（+2）平均亩产 892.0kg，较沈单 16 号增产 4.8%；中部干旱带高密度区试试验（+3-1）平均亩产 912.1kg，较 DK656 增产 8.16%。2009 年区域试验套种（-3）平均亩产 467.8kg，较沈单 16 号减产 4.9%；单种（+2）平均亩产 903.3kg，较沈单 16 号增产 13.3%；中部干旱带高密度区试（+4 点）平均亩产 892.3kg 较对照 DK656 增产 9.75%。两年区试套种平均亩产 530.15kg，较沈单 16 号增产 3.46%；单种平均亩产 897.65kg，较对照沈单 16 号增产 9.05%；中部干旱带高密度区试平均亩产 902.2kg，较 DK656 增产 8.96%。2009 年生产试验（+1 平 1-2）平均亩产 571.3kg，较沈单 16 号减产 0.1%；中部干旱带高密度生产试验（+4）平均亩产 859.9kg，较 DK656 增产 9.64%。

栽培技术要点：（1）种植方式：引黄、扬黄灌区单种，行距 60cm，株距 25cm，亩密度 4450 株。中部干旱带高密度种植，行距 50cm，株距 25cm，亩密度 5333 株。（2）播种：播种期 4 月上旬。机械播种或人工播种。（3）施肥与灌水：按照配方施肥的原则进行肥水管理。播种时，在施足农家肥基础上，磷肥和钾肥及其他微量元素肥料播种前施入，中等地力每亩施磷酸二铵 15～20kg，拔节期至小喇叭口期追施尿素每亩 30～35kg。根据地力情况和田间长势酌情增减。（4）加强后期管理：及时防治病虫害，适时收获。

适宜种植地区：适宜宁夏引黄、扬黄灌区单套种及中部干旱带单种。

西蒙 5 号

审定编号：宁审玉 2010003
选育单位：宁夏银川西蒙种业有限公司杂交选育而成。
品种来源：126×B3
特征特性：幼苗叶鞘紫色，株型紧凑，株高 250cm（套种）～290cm（单种），穗位高 110cm（套种）～130cm（单种），茎粗 2.0cm，全株 19～20 片叶，叶片宽大，叶色深绿，穗位叶为第 14 片叶，穗位叶以上叶片直立、茎节短，穗位叶以下叶片稍平、茎节稍长，花丝淡紫色，花粉量大，果穗筒型，出籽率 87%，穗轴红色，籽粒黄红色，马齿型，穗长 25cm，穗粗 5.5cm，每穗 16～18 行，每行 45 粒，每穗 720 粒，单穗粒重 270g，百粒重 42.0g。经农业部谷物品质监督检验测试中心测定：容重 765kg/L，粗蛋白（干基）9.25%，粗脂肪（干基）3.06%，粗淀粉（干基）74.91%，赖氨酸（干基）0.28%。春播，生育期 142 天，较沈单 16 号晚熟 2 天，属中晚熟型杂交品种。2009 年经中国农业科学院田间接种鉴定，抗大斑病（3 级）、抗小斑病（3 级）、中抗茎腐病（20.8%）、感丝黑穗病（31.9%）、高感矮花叶病（61.1%）、高感玉米螟（9.0%）；生长势强，秃尖短，抗倒伏，喜肥水，活秆成熟，适宜稀植。

产量表现：2008 年灌区区域试验套种（+4）亩产 633.9kg，较沈单 16 号亩产 532.8kg，增产 19.0%；单种区域试验（+2）亩产 929.3kg，较沈单 16 号亩产 851.3kg，增产 9.2%；2009 年套种区域试验（+3）亩产 521.4kg，较沈单 16 号亩产 492.0kg 增产 6%；单种区域试验（+2）亩产 914.7kg，较沈单 16 号亩产 797.0kg 增产 14.8%。两年区试套种平均亩产 577.65kg，较沈单 16 号亩产 512.4kg 增产 12.5%；单种平均亩产 922.0kg，较沈单 16 号亩产 821.4kg 增产 12.0%。2009 年灌区生产试验（+4）亩产 636.9kg，较沈单 16 号亩产 571.9kg

增产 11.4%。

栽培技术要点：（1）种植方式：采用套种、单种方式。套种玉米边行距小麦不少于 20cm，玉米行距 30～33cm，亩密度 3000 株；单种采用宽窄行，行距 60cm，株距 33cm，亩密度 3500 株。（2）播种：播种期 4 月 15 日左右，每亩用种 2（套种）～2.5（单种）kg。机播或人工播种。（3）施肥：基施农家肥，玉米播种时套种每亩带种肥磷酸二铵 10kg，5 月下旬、6 月中下旬、7 月中旬每亩分别追施纯 N4.5kg、9kg、4.5kg；单种结合中耕可一次或多次施肥，全生育期每亩需施 P_2O_5 19.0kg（折磷酸二铵 42kg）、纯 N21kg（折尿素 45kg）。生长前期追施钾、锌等微肥。（4）加强管理：看苗看地灌水，及时防治病虫害，适当晚收获。

适宜种植地区：适宜宁夏引黄灌区单种或套种，扬黄灌区单种。

KX3564

审定编号：宁审玉 2010004

选育单位：德国 KWS 种子股份有限公司杂交选育而成，2007 年新疆康地种业科技股份有限公司引入。

品种来源：KW4M029×KW7M14

特征特性：出苗整齐，株型紧凑，全株 19～20 片叶，株高 267cm，穗位高 99cm，花药浅红，花丝黄绿色，穗轴粉红色，果穗筒型，穗长 19.12cm，每穗 15.5 行，每行 39.85 粒，籽粒黄色，马齿型，出籽率 84.4%，单穗粒重 203.95g，百粒重 34.0g。经农业部谷物品质监督检验测试中心检测：籽粒粗淀粉 76.40%，粗蛋白 7.26%（超过国家农业部高淀粉玉米二级标准），粗脂肪 3.49%，容重 732g/L，赖氨酸 0.30%。春播，生育期 138～140 天，比 DK656 晚熟 1～3 天，属中熟型杂交品种。经中国农业科学院 2009 年田间接种鉴定：抗大斑病，中抗小斑病，高感矮花叶病，中抗茎腐病，感丝黑穗病，高感玉米螟。

产量表现：2008 年中部干旱带区域试验（+3-1）亩产 916.3kg，较对照 DK656 亩产 843.3kg 增产 8.66%；2009 年中部干旱带区域试验（+4）亩产 931.7kg，较 KD656 亩产 813.0kg 增产 14.60%；两年区试平均亩产 924kg，较 DK656 亩产 828.1kg 增产 11.63%。2009 年生产试验（+4）亩产 874.5kg，比 DK656 亩产 784.3kg 增产 11.50%。

栽培技术要点：（1）种植方式：单种采用宽窄行，行距 55cm，株距 22cm，亩密度 5500 株。（2）播种：播期 4 月 10 日，亩用种 2.0kg，机播或人工精量点播。足墒适期一播全苗。（3）施肥与灌水：重施农家肥，合理配施 N、P、K 化肥及微肥，要求土壤肥力中等以上，足施有机底肥，带够种肥，苗期施磷肥 15kg，追施尿素 30～40kg，全生育期灌水 3～4 次。开沟培土足施追肥，后期防旱。（4）加强管理：前期深中耕，促苗全、苗壮，中耕 2～3 次；及时防治病虫害，注意防治地老虎；适时收获。

适宜种植地区：适宜宁夏中部干旱带引黄灌区单种（≥10℃有效积温 3200～3300℃的地区春播）。

米卡多

审定编号：宁审玉 2010005

选育单位：德国 KWS 种子股份有限公司杂交选育而成，2007 年新疆康地种业科技股份有限公司于引入。

品种来源：KW9430×KW7448

特征特性：叶色深绿，全株 19～20 片叶，株型半紧凑，株高 260～280cm，穗位 95～120cm，雄穗发达，花粉量大，花药浅红，花丝黄绿色，果穗长筒型，穗长 23～25cm，穗粗 4.8～5.8cm，每穗 14～16 行，籽粒黄色，马齿型，百粒重 35～38g。经农业部谷物品质监督检验中心检测：粗淀粉 75.68%（超过国家农业部高淀粉玉米二级标准），粗蛋白 8.00%，粗脂肪 3.52%，赖氨酸 0.26%，容重 758g/L。春播，生育期 124 天，比 DK656 早熟 13 天，属中早熟型杂交品种。经中国农业科学院 2009 年田间接种鉴定：感大斑病，抗小斑病，感矮花叶病，高抗茎腐病，高抗丝黑穗病，高感玉米螟。苗期生长快，植株健壮，活秆成熟。抗倒伏，耐寒性好，抗逆性强，病虫害轻。

产量表现：2008 年中部干旱带区域试验（+4）亩产 937.1kg，较对照 DK656 亩产 843.3kg 增产 11.2%；2009 年中部干旱带区域试验（+4）亩产 947.3kg，比较对照 KD656 亩产 813.0kg 增产 16.52%；两年区域亩产 942.2kg，较对照 DK656 亩产 828.1kg，增产 13.78%。2009 年生产试验（+4）亩产 873.9kg，比对照 DK656 亩产 784.3kg 增产 11.42%。

栽培技术要点：（1）种植方式：单种采用宽窄行，行距 55cm，株距 22cm，亩密度 5500 株。（2）播种：播种期 4 月 10 日，亩用种 2.0kg，机播或人工精量点播。足墒适期一播全苗。（3）施肥与灌水：重施农家肥，合理配施 N、P、K 化肥及微肥，要求土壤肥力中等以上，足施有机底肥，带够种肥，苗施磷肥 15kg，追施尿素 30～40kg，全生育期灌水 3～4 次。开沟培土足施追肥，后期防旱。（4）加强管理：前期深中耕，促苗全、苗壮，中耕 2～3 次；及时防治病虫害，注意防治地老虎；适时收获。

适宜种植地区：适宜宁夏中部干旱带引黄灌区单种（≥10℃有效积温 3200～3300℃的地区春播）。

鲁单 9067

审定编号：宁审玉 2010006

选育单位：山东省农业科学院玉米研究所杂交选育而成，2008 年宁夏回族自治区种子管理站引入。

品种来源：lx03-3×x03-2

特征特性：幼苗叶鞘紫色，茎、支持根紫色，颖片基部浅紫色，颖片紫色，成株株型紧凑，株高 278cm，穗位 100cm，雄穗一级侧枝 13～14 个，全株 21～22 片叶，花药浅紫色，化丝红色，果穗柱型，穗长 21.5cm，穗粗 5.1cm，每穗 14～16 行，每行 46 粒，白轴，籽粒半马齿型、黄色，单穗粒重 174g，百粒重 32.8g，出籽率 83.2%。经农业部谷物品质监督检验测试中心（北京）测定：籽粒容重 776g/L，粗蛋白 9.56%，粗脂肪 3.27%，粗淀粉 74.42%，赖氨酸 0.28%。生育期 141 天，比沈单 16 号晚熟 1 天，属中晚熟型杂交品种。中国农业科学院人工接种鉴定：抗大斑病（3 级），抗小斑病（3 级），感矮花叶病（38.9%），高感茎腐病（50%），感丝黑穗病（21.3%），高感玉米螟（9 级）。活秆成熟，茎秆坚韧，高抗倒伏。

产量表现：2008 年套种区试试验 4 点 1 增 3 减产，平均亩产 564.1kg，较对照沈单 16 号增产 5.9%；

单种区域试验 2 点全部增产，平均亩产 874.0kg，较对照沈单 16 号增产 2.7%。2009 年套种区试试验 3 点 1 增 2 减，平均亩产 465.8kg，较对照沈单 16 号减产 5.3%；单种区域试验 2 点 1 增 1 平，平均亩产 808.3kg，较对照沈单 16 号增产 1.4%。两年区试试验套种平均亩产 514.95kg，较对照沈单 16 号增产 0.3%；单种平均亩产 841.2kg，较对照沈单 16 号增产 2.05%。2009 年灌区生产试验 4 个试验点 2 增 2 减，平均亩产 574.0kg，比对照沈单 16 号增产 0.4%。

栽培技术要点：（1）种植方式：采用套种、单种方式。套种玉米边行距小麦不少于 20cm，玉米行距 25～30cm、每亩种植密度 3300 株左右；单种采用宽窄行，平均行距 55cm 左右，株距 25cm、每亩种植密度 4000～4200 株。（2）播种：播种期 4 月 10 日左右，每亩用种 2.0（套种）～3（单种）kg。机播或人工播种。（3）施肥与灌水：重施农家肥，合理配施 N、P、K 化肥及微肥。（4）加强后期管理：及时防治病虫害；适时收获。

适宜种植地区：适宜宁夏引黄、扬黄灌区单套种。

宁单 13 号

审定编号：宁审玉 2009001

选育单位：宁夏绿博种子有限公司杂交选育而成。

品种来源：9058×8218

特征特性：芽鞘紫色，叶绿色，叶缘紫色，幼苗生长势强，株高 288cm，穗位高 128cm，株型紧凑，叶片肥厚上冲；成株 20 片叶，花药粉红色，花粉量大，花丝紫红色，果穗筒型，穗轴白色，果穗长 19.1cm，穗粗 5.4cm，秃尖短，穗行数 16～18 行，行粒数 38 粒，单穗粒重 201g，百粒重 33.6g，出籽率 82.2%，籽粒黄色，马齿型。经农业部谷物品质监督检验测试中心（北京）测定：籽粒容重 708g/L，粗蛋白 8.39%，粗脂肪 3.69%，粗淀粉 72.90%，赖氨酸 0.29%。春播，生育期 139 天，较对照沈单 16 号晚 3 天，属中晚熟品种。经 2008 年人工接种鉴定：中抗大斑病（5 级），抗小斑病（3 级），感矮花叶病（43.8%），高感茎腐病（58.8%），高感丝黑穗病（80.9%），高感玉米螟（9 级）。

产量表现：2007 年宁夏灌区套种区域试验平均亩产 713.7kg，较对照沈单 16 号增产 18.7%；单种区域试验平均亩产 967.3kg，较对照沈单 16 号增产 5.2%。2008 年宁夏灌区套种区域试验平均亩产 630.9kg，较对照沈单 16 号增产 11.3%；单种区域试验平均亩产 893.7kg，较对照沈单 16 号增产 14.2%。两年套种区域试验平均亩产 672.3kg，较对照沈单 16 号增产 15.1%；单种平均亩产 930.5kg，较对照沈单 16 号增产 9.64%。2008 年生产试验平均亩产 648.9kg，较对照沈单 16 号增产 8.7%。

栽培技术要点：（1）种植方式：套种或单种。套种玉米边行距小麦不少于 20cm，玉米行距 25～30cm，亩密度 3500 株；单种行距 60cm，株距 25cm，亩密度 4450 株。（2）播种：播种期 4 月上旬；机械播种或人工播种。（3）施肥与灌水：按照配方施肥的原则进行肥水管理。播种时，在施足农家肥基础上，磷肥和钾肥及其他微量元素肥料播种前施入，中等地力亩施磷酸二铵 15～20kg，拔节期至小喇叭口期亩追施尿素 30～35kg。根据地力情况和田间长势酌情增减。（4）加强后期管理：及时防治病虫害，适时收获。

适宜种植地区：适宜宁夏引黄、扬黄灌区单种或与小麦套种。

明玉 2 号

审定编号：宁审玉 2009002

选育单位：辽宁葫芦岛市明玉种业有限责任公司杂交选育而成，新疆康地种业宁夏办事处引入。

品种来源：海 9818×明 2325

特征特性：幼苗叶鞘淡紫色，出苗整齐，苗期长势强，植株根系发达，茎秆坚韧，株高 286cm，穗位高 129cm，茎粗 2.0cm，株型紧凑，活秆成熟，全株 21 片叶，深绿色，叶距大，通风透光好，颖壳绿色，花药淡紫色，花粉黄色，花丝绿色，果穗圆柱型，穗轴红色，果穗长 21cm，穗粗 5.5cm，穗行数 16～18 行，行粒数 48 粒，每穗粒数 727 粒，单穗粒重 264g，百粒重 40g，出籽率 89%，籽粒黄色，马齿型，经农业部谷物品质监督检验测试中心（北京）测定：籽粒容重 710g/L，粗蛋白 8.56%，粗脂肪 4.01%，粗淀粉 74.16%，赖氨酸 0.32%。春播，生育期 143 天，比对照沈单 16 号晚 4 天，属中晚熟品种。经 2008 年人工接种鉴定：抗大斑病（3 级），中抗小斑病（5 级），中抗矮花叶病（25%），高抗茎腐病（0%），感丝黑穗病（14.3%），高感玉米螟（9 级），综合抗性较好。

产量表现：2007 年宁夏灌区套种区域试验平均亩产 662.5kg，较对照沈单 16 号增产 13.8%；单种区域试验平均亩产 976.1kg，较对照沈单 16 号增产 10.5%。2008 年宁夏灌区套种区域试验平均亩产 605.8kg，较对照沈单 16 号增产 6.9%；单种区域试验平均亩产 928.2kg，较对照沈单 16 号增产 18.6%。两年套种区域试验平均亩产 634.5kg，较对照沈单 16 号增产 10.5%；单种区域试验平均亩产 952.2kg，较对照沈单 16 号增产 14.3%。2008 年生产试验平均亩产 610.3kg，较对照沈单 16 号增产 2.2%。

栽培技术要点：（1）种植方式：套种或单种。套种玉米边行距小麦不少于 20cm，玉米行距 25～30cm，每亩种植密度 3500 株；单种采用宽窄行，平均行距 55cm，株距 25cm，每亩种植密度 4200～4500 株。（2）播种：播种期 4 月 10 日，每亩用种 2.0（套种）～3（单种）kg，机播或人工播种。（3）施肥与灌水：重施农家肥，合理配施 N、P、K 化肥及微肥。（4）加强后期管理：及时防治病虫害，适时收获。

适宜种植地区：适宜宁夏引黄灌区单种或与小麦套种，扬黄灌区覆膜单种。

强盛 12 号

审定编号：宁审玉 2009003

选育单位：山西强盛种业有限公司杂交选育而成，宁夏回族自治区种子管理站引入。

品种来源：930×931

特征特性：幼苗叶片深绿色，叶鞘浅红色，第一叶圆形，护颖绿色，花药淡紫，花丝浅红，株高 266cm，穗位 106cm，全株 20 片叶，株型半紧凑，茎秆韧性强，抗倒伏，果穗长筒型，穗轴红色，穗长 20cm，穗粗 5.5cm，穗行数 16 行，行粒数 38.3 粒，单穗粒重 231.1g，百粒重 31.5g，出籽率 82.3%，硬粒型，籽粒黄色。经农业部谷物品质监督检验测试中心（北京）测定：籽粒粗蛋白 7.95%，粗脂肪 3.21%，粗淀粉 75.72%，水分 13%，容重 741g/L。春播，生育期 137 天，较沈单 16 号早熟两天，属中晚熟品种。经 2008 年人工接种鉴定：抗玉米小斑病（3 级），高抗茎腐病（0.0%），感大斑病（7 级）、矮花叶病（43.8%）、丝黑穗病（36.6%），高感玉米螟（9%）。

产量表现： 2006 年宁夏灌区套种区域试验平均亩产 575.98kg，较对照沈单 16 号增产 4.9%；单种区域试验平均亩产 702.4kg，较对照沈单 16 号减产 8.5%。2007 年宁夏灌区套种区域试验平均亩产 736.9kg，较对照沈单 16 号增产 13.6%；单种区域试验平均亩产 1020.2kg，较对照沈单 16 号增产 10.2%。两年套种区域试验平均亩产 656.4kg，较对照沈单 16 号增产 9.3%；单种区域试验平均亩产 861.3kg，较对照沈单 16 号增产 0.85%。2008 年生产试验平均亩产 654.9kg，较对照沈单 16 号增产 9.7%。

栽培技术要点：（1）种植方式：套种或单种。套种玉米边行距小麦不少于 20cm，玉米行距 25～30cm，每亩种植密度 3300 株；单种采用宽窄行，平均行距 55cm，株距 25cm，每亩种植密度 4000～4200 株。（2）播种：播种期 4 月 10 日，每亩用种 2.0（套种）～3（单种）kg，机播或人工播种。（3）施肥与灌水：重施农家肥，合理配施 N、P、K 化肥及微肥。（4）加强后期管理：及时防治病虫害，适时收获。

适宜种植地区： 适宜宁夏引黄灌区单种或与小麦套种，扬黄灌区覆膜单种。

天泰 15 号

审定编号： 宁审玉 2008001

选育单位： 山东天泰种业杂交选育，新疆康地宁夏办事处引入。

品种来源： PC206×PC18

特征特性： 幼苗叶鞘淡紫色，苗期长势强，株型紧凑，株高 286cm，穗位高 129cm，茎粗 2.0cm，全株 21 片叶，深绿色，叶距大，通风透光好，颖壳绿色，花药淡紫色，花粉黄色，花丝绿色，果穗圆柱型，穗轴白色，果穗长 21.2cm，穗粗 5.5cm，穗行数 16～18 行，平均 16.2 行，每行 43 粒，每穗 727 粒，单穗粒重 202g，百粒重 30.9g，出籽率 82.8%，籽粒黄色，马齿型，植株根系发达，茎秆坚韧。经农业部谷物品质监督检验测试中心（北京）测定：籽粒容重 674g/L，粗蛋白 8.33%，粗脂肪 4.61%，粗淀粉 72.18%，赖氨酸 0.32%。生育期 139 天，较对照沈单 16 号晚 6 天，晚熟品种。活秆成熟。2007 年人工接种鉴定：中抗大斑病（5 级），抗小斑病（3 级），感矮花叶病（44.4%），中抗茎腐病（15.9%），抗丝黑穗病（1.8%），感玉米螟（7.5%），综合抗性突出。

产量表现： 2006 年区域试验套种平均亩产 591.53kg，较对照沈单 16 号增产 6.7%；单种试验平均亩产 865.0kg，较对照沈单 16 号增产 2.3%；2007 年套种试验平均亩产 687.1kg，较对照沈单 16 号增产 5.9%；单种试验平均亩产 957.6kg，较对照沈单 16 号增产 3.5%。两年套种区试平均亩产 639.32kg，较对照沈单 16 号增产 6.3%；两年单种区试平均亩产 911.3kg，较对照沈单 16 号增产 2.9%。2007 年生产试验平均亩产 550.1kg，较对照沈单 16 号增产 8.8%。

栽培技术要点：（1）种植方式：采用套种或单种。套种玉米边行距小麦不少于 20cm，玉米行距 25～

30cm、亩密度 3500 株；单种采用宽窄行，平均行距 55cm，株距 25cm，亩密度 4200～4500 株。（2）播种：播种期 4 月 10 日，亩用种 2.0（套种）～3（单种）kg。机播或人工播种。（3）施肥与灌水：重施农家肥，合理配施 N、P、K 化肥及微肥。（4）后期管理：及时防治病虫害；适时收获。

适宜种植地区：适宜宁夏引黄、扬黄灌区单种或套种种植。

先玉 335

审定编号：宁审玉 2008002

选育单位：铁岭先锋种子研究有限公司杂交选育并引入。

品种来源：PH6WC×PH4CV

特征特性：幼苗生长势强，早发性好，芽鞘紫色，叶色绿色，叶缘紫色，套种株高 271cm，穗位高 105cm，茎秆粗壮，株型紧凑，抗倒伏能力强，成株 17～20 片叶，花药粉红色，花粉量大，花丝紫色，雌雄花期协调，果穗筒型，果穗较均匀，果穗长 20.3m，穗粗 4.9cm，秃尖长 1.7cm，每穗 14～18 行，每行 38 粒，单穗 602 粒，单穗粒重 197g，百粒重 33.1g，出籽率 85.2%，籽粒橙红色，半马齿型。经农业部谷物品质监督检验测试中心（北京）测定：籽粒容重 755g/L，粗蛋白 8.26%，粗脂肪 3.95%，粗淀粉 75.38%，赖氨酸 0.30%。生育期 134 天，较对照沈单 16 号早 1 天，中晚熟品种。2007 年人工接种鉴定：中抗大斑病（5 级），抗小斑病（3 级），感矮花叶病（50%），高感茎腐病（53.1%），高抗丝黑穗病（0%），感玉米螟（7.5%）。

产量表现：2006 年区域试验套种平均亩产 599.6kg，较对照沈单 16 号增产 7.4%；单种平均亩产 940.7kg，较对照沈单 16 号增产 13.8%。2007 年区域试验套种平均亩产 674.3kg，较对照沈单 16 号增产 3.9%；单种试验平均亩产 988.8kg，较对照沈单 16 号增产 6.8%。两年区试套种平均亩产 636.95kg，较对照沈单 16 号增产 5.7%；两年单种平均亩产 964.8kg，较对照沈单 16 号增产 10.3%。2007 年生产试验平均亩产 575.3kg，较对照沈单 16 号增产 13.8%。

栽培技术要点：（1）种植方式：套种或单种。套种玉米边行距小麦不少于 20cm，玉米行距 25～30cm，亩密度 3500 株；单种行距 50cm，株距 30cm，亩密度 4500 株。（2）播种：播种期 4 月 10 日，亩用种 2.0（套种）～3.0（单种）kg。机器播种或人工播种。（3）施肥与灌水：按照配方施肥的原则进行肥水管理。播种时，在施足农家肥基础上，磷肥和钾肥及其他中微量元素肥料播种前施入，根据地力情况可以每亩施磷酸二铵 15～20kg，拔节期至小喇叭口期追施尿素每亩 30～35kg。（4）加强后期管理：及时防治病虫害；适时收获。

适宜种植地区：适宜宁夏引黄、扬黄灌区单种或套种种植。

宁玉 309

审定编号：宁审玉 2007002

选育单位：南京春曦种子研究中心选育，宁夏回族自治区种子管理站引入。

品种来源： 宁晨 20×宁晨 07

特征特性： 幼苗叶鞘紫色，叶片深绿色，叶缘绿色，花药紫色，颖壳浅紫色，株型紧凑，20 片叶，株高套种 256～273cm，单种 280～320cm，穗位 100～148cm。花丝浅紫色，果穗中间型，穗长 19～26cm，穗行数 16～20 行，穗轴粉红色，籽粒黄色，马齿型，百粒重 36～42g，单穗粒重 209.1g，出籽率 84.9%。经农业部谷物品质监督检验测试中心（北京）测定：籽粒容重 756g/L，籽粒粗蛋白 9.82%，粗脂肪 3.68%，粗淀粉 74.21%，赖氨酸 0.29%。生育期 129 天，中熟品种。高抗丝黑穗病，感大、小斑病。

产量表现： 2005 年区域试验亩产 976.6kg，较对照沈单 16 号增产 4.2%；2006 年区域试验亩产 946.4kg，较对照沈单 16 号增产 6.9%；两年区域试验平均亩产 961.5kg，较对照沈单 16 号平均增产 5.6%。2006 年生产试验（套种）平均亩产 689.8kg，较对照沈单 16 号增产 6.4%。

栽培技术要点：（1）种植方式：采用套种或单种方式。套种玉米边行距小麦 20cm，玉米行距 25～30cm，亩密度 3300 株；单种采用宽窄行，亩密度 4200～4500 株。（2）播种：播种期 4 月上中旬，采取机条播或人工播种。（3）田间管理：重施农家肥，合理配施氮、磷、钾肥及微肥，及时防治病虫害，适时收获。

适宜种植地区： 适宜宁夏引黄灌区单种或套种种植。

沈玉 21 号

审定编号： 宁审玉 2007003

选育单位： 沈阳市农业科学院选育，银川西夏种苗有限公司引入。

品种来源： 3336×3265

特征特性： 幼苗期深绿色，叶鞘紫红色，株型紧凑，叶片上冲，叶色深绿，全株 21～22 片叶，花丝粉红色，花药黄色，成熟期茎秆红色，株高 220.5～281.5cm，穗位 98.5～133cm，穗长 19.13cm，穗粗 4.98cm，穗行数 16～20 行，行粒数 39 粒，果穗长筒型，百粒重 30.53g，籽粒橘黄色，半硬粒型，穗轴白色。经农业部谷物品质监督检验测试中心（北京）测定：籽粒容重 736g/L，粗蛋白 9.08%，粗脂肪 3.65%，粗淀粉 73.79%，赖氨酸 0.29%。生育期 137 天，中晚熟品种。高抗丝黑穗病，抗矮花叶病，中抗大斑病，抗玉米螟，感小斑病，高感茎腐病。

产量表现： 2005 年区域试验单种平均亩产 884.3kg，较对照沈单 16 号增 6.3%，套种平均亩产 434.6kg，较对照沈单 16 号减产 9.7%；2006 年区域试验单种平均亩产 900.6kg，较对照沈单 16 号增产 6.5%，套种平均亩产 569.5kg，较对照沈单 16 号增产 2.7%；两年区试平均单种亩产 892.45kg，较对照沈单 16 增 6.4%，套种亩产 502.05kg，较对照沈单 16 号减产 3.5%。2006 年套种生产试验平均亩产 615.6kg，较对照沈单 16 号增产 0.9%。

栽培技术要点：（1）适时播种：播种期 4 月中旬。（2）合理密植：套种亩密度 3500～3800 株；单种亩密度 4000～4500 株。（3）施肥：科学施肥，氮磷钾配合使用，施足底肥，促苗早发。（4）及时防治病虫害，适时早收。

适宜种植地区： 适宜宁夏引黄、扬黄灌区单种或套种种植。

长城 799

审定编号： 宁审玉 2007005

选育单位： 中种集团承德长城种子有限公司选育，宁夏回族自治区种子管理站引入。

品种来源： 祥 249×BM

特征特性： 幼苗叶鞘紫色，叶缘紫色，生长势中等，株高 240cm，穗位高 97cm，全株 20～22 片叶，株型半紧凑，叶片轻度下披，穗上叶茎夹角 45°，穗位叶及以下叶片稍平展，叶色深绿，雄穗分枝长度中等，分枝 8～15 个，颖片绿色，花药黄色，花粉量大，花丝浅粉色，花期协调，果穗筒型，穗长 19.1cm，穗粗 5.3cm，穗行数 14～16 行，秃尖 0.95cm，穗轴红色，籽粒黄色，半马齿型，出籽率 80.1%，单穗粒重 191.7g，百粒重 34.3g。经农业部谷物品质监督检验测试中心（北京）测定：籽粒容重 708g/L，粗蛋白 10.40%，脂肪 4.21%，粗淀粉 73.23%，赖氨酸 0.33%。生育期 136 天，中晚熟品种。活秆成熟抗小斑病、玉米螟，中抗大斑病、丝黑穗病、矮花叶病，高感茎腐病。

产量表现： 2005 年区域试验平均亩产 837.9kg，较对照中单 2 号增产 13.32%；2006 年区域试验平均亩产 684.6kg，较对照中单 2 号增产 7.51%；两年区域试验平均亩产 761.3kg，较对照中单 2 号增产 10.64%。2006 年生产试验平均亩产 699.1kg，较对照中单 2 号增产 11.70%。

栽培技术要点：（1）适期播种：4 月下旬到 5 月上旬。根据土壤墒情适时播种，播种深浅一致，确保一播保全苗。（2）合理密植：单种亩密度 4000～4500 株。（3）施肥：施肥方式可采作一次性施肥法，播种前整地时，将 N、P、K 肥料按配合比例配方一次性施下，也可分次施肥。（4）田间管理：播种后用玉米专用除草剂防治田间杂草，3～4 叶间苗，5～6 叶定苗。适时中耕培土、施肥、灌水，大喇叭口期用呋喃丹丢心叶防治玉米螟。生产上注意轮作倒茬，防治玉米茎腐病。

适宜种植地区： 适宜宁南山区露地或覆膜种植。

宁单 12 号

审定编号： 宁审玉 2007006

选育单位： 宁夏原种场选育。

品种来源： k12×nyz17

特征特性： 幼苗绿色，叶鞘紫色，株型松散，17 片叶，株高 260～280cm，穗位 110～120cm，雄穗主轴明显，分枝中等，枝条斜伸，护颖绿色，花药黄色，花粉量多，雌穗穗柄短，穗斜伸，果穗长筒型，花丝粉红色，穗长 21.2cm，穗粗 5.0cm，穗行数 14.5 行，行粒数 37 粒，籽粒黄色，半马齿型，轴红色，百粒重 36.8g。经农业部谷物品质监督检验测试中心（北京）测定：籽粒容重 716g/L，粗蛋白 11.45%，脂肪 4.57%，粗淀粉 71.23%，赖氨酸 0.31%。生育期 131 天，中熟、中秆品种。抗丝黑穗病，中抗大、小斑病，感矮花叶病、玉米螟，高感茎腐病。苗期长势旺，抗倒性强，耐瘠薄，耐密性较好。

产量表现： 2005 年宁南山区区域试验平均亩产 781.2kg，较对照中单 2 号增产 5.65%；2006 年宁南山区区域试验平均亩产 669.6kg，较对照中单 2 号增产 5.15%；两年区域试验平均亩产 725.4kg，较对照中单 2 号增产 5.4%。2006 年生产试验平均亩产 721.7kg，较对照中单 2 号增产 15.31%。

栽培技术要点：（1）精细选地、整地。要求选择杂草少的中、上等地块种植，并进行秋翻耕。（2）施足基肥，分期追肥要求重施底肥，配合，分期追肥。亩基施有机肥 5000kg，磷酸二铵 15～17kg，带种肥磷酸二铵 10kg。（3）选用包衣种子，亩播量 2.5kg，适期播种，合理密植。

适宜种植地区： 适宜宁南山区露地或覆膜种植。

金穗 9 号

审定编号： 宁审玉 2007007

选育单位： 甘肃白银金穗种业有限公司选育，宁夏农林科学院农作物研究所引入。

品种来源： MO17-48×LC-9

特征特性： 幼苗绿色，叶鞘紫色，叶下披，拱土能力强，半紧凑型，全株 16 片叶，株高 247cm，叶茎张角 35°，穗位高 111cm，花药紫色，雄穗分枝 10～12 个，花粉量大，雌穗花丝红色，果穗长锥形，穗轴红色，穗长 19.5cm，穗粗 5.0cm，秃尖长 1.3cm，穗行数 14～16 行，行粒数 40 粒，出籽率 86.2%，籽粒黄色，马齿型，百粒重 32.7g。经农业部谷物品质监督检验测试中心（北京）测定：籽粒容重 740g/L，粗蛋白 9.16%，粗脂肪 4.58%，粗淀粉 75.13%，赖氨酸 0.28%。生育期 137 天，中晚熟品种。活秆成熟，抗小斑病、矮花叶病，中抗大斑病，感丝黑穗病、玉米螟，中感茎腐病。

产量表现： 2005 年区域试验平均亩产 804.9kg，较对照中单 2 号增产 8.86%；2006 年区域试验平均亩产 697.5kg，较对照中单 2 号增产 9.53%；两年区域试验平均亩产 751.2kg，较对照中单 2 号增产 9.20%。2006 年生产试验平均亩产 715.5kg，较对照中单 2 号增产 14.32%。

栽培技术要点：（1）重施基肥、追肥：播前结合整地亩施磷酸二铵 40kg；拔节期亩追施尿素 20kg，喇叭口期亩追施尿素 30kg。（2）适宜密度：大穗型品种，密度不宜过大，一般亩保苗 4000～4500 株。（3）覆膜：一般覆膜单种较好，也可以带田套种。

适宜种植地区： 适宜宁南山区覆膜或露地种植。

金穗 6 号

审定编号： 宁审玉 2006002

选育单位： 甘肃白银金穗种业有限公司选育，宁夏顺宝种业公司引入。

品种来源： EK12-49×JS0313

特征特性： 株高 216cm，穗位 95cm，穗长 21cm，穗粗 5cm，株型半紧凑，幼苗叶鞘浅紫色，雄穗分枝 15 个，护颖黄绿色，花药黄色，花粉量中等，穗行数 16～18 行，行粒数 36 粒，籽粒黄红色，半马齿型，百粒重 34g，穗轴红色。经农业部谷物品质监督检验测试中心（北京）测定：籽粒含粗蛋白 8.17%，粗脂肪 3.76%，粗淀粉 76.44%，赖氨酸 0.31%，容重 751g/L。品质达到部颁高淀粉玉米一等标准。生育期 133 天，早熟品种。中秆、半紧凑大穗型，抗倒伏，抗大小斑病和病毒病。

产量表现： 2004 年区域试验平均亩产 828.2kg，较对照中单 2 号增产 11.5%；2005 年区域试验平均亩产 817.2kg，较对照中单 2 号增产 10.52%；两年区域试验平均亩产 822.7kg，较对照中单 2 号增产 11%。2005 年生产试验平均亩产 776.1kg，较对照增产 10.6%。

栽培技术要点：（1）播种：播种期 4 月 20 日左右。亩播种量 3.5kg（单种），适时播种，采用机条播或人工开沟播种，播深 5～7cm。（2）合理密植：单种采用宽窄行，亩密度 3000～3500 株。（3）施肥：亩基施农家肥 3000kg，酌情亩基施磷钾肥各 15kg；全生育期亩施 P$_2$O$_5$9kg，纯 N18kg，生长前期追施钾、锌等微肥。（4）其他管理措施与一般玉米相同。

适宜种植地区： 适宜宁夏南部山区种植。

中玉 9 号

审定编号： 宁审玉 2006003

选育单位： 中国种子集团公司与山东省费县种子公司选育，中种集团宁夏良种公司引入。

品种来源： 费玉 03×费玉 04

特征特性： 幼苗叶鞘紫红色，幼苗叶色浓绿，顶土能力强，株高 237cm，穗位 103cm，全株 20 片叶，花丝紫红色，果穗长圆锥型，穗轴红色，穗长 20.2cm，穗粗 5.4cm，秃尖长 2.3cm，穗行数 14～16 行，单穗粒数 545 粒，单穗粒重 185g，百粒重 36.3g，籽粒浅黄色，半马齿型。经农业部谷物品质监督检验测试中心（北京）测定：容重 778g/L，籽粒含粗蛋白 10.28%，粗脂肪 3.13%，粗淀粉 73.18%，赖氨酸 0.34%。品质达到饲料用玉米一等标准。生育期 141 天，中早熟品种。抗倒伏，抗大小斑病，轻感丝黑穗病。

产量表现： 2004 年单种区域试验平均亩产 818.2kg，较对照沈单 16 号增产 4.1%；套种区域试验平均亩产 589.8kg，较对照沈单 16 号减产 0.7%；2005 年单种区域试验平均亩产 840.5kg，较对照沈单 16 号增产 0.2%，套种区域试验平均亩产 544.0kg；较对照沈单 16 号减产 0.8%；两年单种区域试验平均亩产 829.4kg，较对照沈单 16 号增产 2.2%；两年套种区域试验平均亩产 566.9kg，较对照沈单 16 号减产 0.74%。2005 年生产试验平均亩产 505.6kg，较对照沈单 16 号减产 9.7%。

栽培技术要点：（1）种植方式：单种采用宽窄行，行距 55cm，株距 25cm，亩密度 4500～4800 株。（2）播种：播种期 4 月 10 日左右，亩用种 2.0（套种）～3（单种）kg。机播或人工播种。（3）施肥与灌水：重施农家肥，合理配施 N、P、K 化肥及微肥。（4）加强后期管理：及时防治病虫害，适时收获。

适宜种植地区： 适宜引黄灌区单种种植。

永玉 8 号

审定编号：宁审玉 2006004

选育单位：河北冀南玉米研究所选育，宁夏回族自治区种子管理站引入。

品种来源：永 3143×永 14

特征特性：苗势中等，芽鞘紫色，叶色深绿；生长势强，整齐，株高 296cm，穗位高 119cm，株型紧凑，花药黄色，花粉量中等，花丝红色，雌雄花期协调，果穗圆柱型，秃尖短，穗均匀，穗轴白色，穗长 21cm，穗粗 5cm，穗行数 16～18 行，籽粒马齿型，红黄色，百粒重 33g，穗粒重 198g。经农业部谷物品质监督检验测试中心（北京）测定：籽粒含粗蛋白 9.58%，粗脂肪 4.1%，粗淀粉 72.71%，赖氨酸 0.31%，品质达到国家饲料用玉米二等标准。生育期 132 天，早熟品种。抗矮花叶病、大小斑病，抗倒性、稳产性较好。

产量表现：2004 年区域试验平均亩产 851.86kg，较对照沈单 16 号增产 3%；2005 年区域试验平均亩产 966.7kg，较对照沈单 16 号增产 3.1%；两年区域试验平均亩产 899.25kg，较对照沈单 16 号增产 3.1%。2005 年生产试验平均亩产 663.63kg，较对照沈单 16 号增产 6.1%。

栽培技术要点：（1）种植方式：采用套种、单种方式。套种玉米边行距小麦不少于 20cm，玉米行距 25～30cm，亩密度 3000 株；单种采用宽窄行，平均行距 55cm，株距 25cm，亩密度 4200～4500 株。（2）播种：播种期 4 月 10 日左右，亩用种 2.0（套种）～3（单种）kg。机播或人工播种。（3）施肥与灌水：重施农家肥，合理配施 N、P、K 化肥及微肥。（4）加强后期管理：及时防治病虫害，适时收获。

适宜种植地区：适宜宁夏引黄灌区单种或与小麦套种种植。

登海 3639

审定编号：宁审玉 2006005

选育单位：山东登海种业股份有限公司选育，宁夏回族自治区种子管理站引入。

品种来源：DH08×DH72

特征特性：幼苗叶鞘紫色，叶片深绿色，叶缘绿色，株型紧凑，全株 20～21 片叶，花药浅紫色，颖壳浅紫色，花丝浅紫色，雄穗分枝 15 个，株型紧凑，果穗筒型，株高 231cm，穗位高 106cm，穗长 20.8cm，穗粗 5.6cm，秃尖长 2.4cm，单穗粒数 619 粒，穗轴红色，籽粒黄色，马齿型，百粒重 34.5g。经农业部谷物品质监督检验测试中心（北京）测定：容重 720g/L，籽粒含粗蛋白 8.22%，粗脂肪 4.3%，粗淀粉 74.63%，赖氨酸 0.28%，品质达到国家饲料用玉米三等标准。生育期 138 天，中熟品种。抗倒伏，抗病抗逆性强。

产量表现：2004 年单种区域试验平均亩产 862.4kg，较对照沈单 16 号增产 9.7%；套种区域试验平均亩产 665.9kg，较对照沈单 16 号增产 12.1%；2005 年单种区域试验平均亩产 952.4kg，较对照沈单 16 号增产 13.6%；套种区域试验平均亩产 588.8kg，较对照增产 7.4%；单种区域试验两年平均亩产 907.4kg，较对照沈单 16 号增产 11.7%；套种区域试验两年平均亩产 627.4kg，较对照沈单 16 号增产 9.8%。2005 年生产试验平均亩产量 564.2kg，较对照沈单 16 号增产 0.7%。

栽培技术要点：（1）种植方式：采用套种、单种方式。套种玉米边行距小麦不少于 20cm，玉米行距 25～30cm，亩密度 3300 株；单种采用宽窄行，行距 55cm 左右，株距 25cm，亩密度 4500～4800 株。（2）播种：播种期 4 月 10 日左右，亩用种 2.0（套种）～3（单种）kg。机播或人工播种。（3）施肥与灌水：重施农家肥，合理配施 N、P、K 化肥及微肥。（4）加强后期管理：及时防治病虫害，适时收获。

适宜种植地区：适宜宁夏引黄灌区单种或与小麦套种种植。

正大 12 号

审定编号：宁审玉 2006006

选育单位：襄樊正大农业开发有限公司选育，宁夏回族自治区种子管理站引入。

品种来源：CTL34×CTL16

特征特性：生长势强，整齐，株高 290cm，穗位高 142cm，株型半紧凑，花药黄色，花粉量中等，花丝粉红色；果穗筒形，秃尖短，穗均匀，穗轴红色，穗长 18.8cm，穗行数 16～18 行，单穗粒重 212g，籽粒红黄色，硬粒型，百粒重 38g。经农业部谷物品质监督检验测试中心（北京）测定：容重 792g/L，籽粒含粗蛋白 10.28%，粗脂肪 3.71%，粗淀粉 72.31%，赖氨酸 0.35%。品质达到国家饲料用玉米一等标准。生育期 138 天。抗矮花叶病、大小斑病，抗倒性、稳产性较好。

产量表现：2003 年区域试验平均亩产 837.25kg，较对照沈单 16 号增产 11.57%；2004 年区域试验平均亩产 861.1kg，较对照沈单 16 号增产 4.12%；两年区域试验平均亩产 849.18kg，较对照沈单 16 号增产 7.66%。2004 年生产试验平均亩产 707.1kg，较对照沈单 16 号增产 5.2%。

栽培技术要点：（1）种植方式：采用套种、单种方式。套种玉米边行距小麦不少于 20cm，玉米行距 25～30cm，亩密度 3000 株，单种采用宽窄行，行距 55cm，株距 25cm，亩密度 4200～4500 株。（2）播种：播种期 4 月 10 日左右，亩用种 2.0（套种）～3（单种）kg。机播或人工播种。（3）施肥与灌水：重施农家肥，合理配施 N、P、K 化肥及微肥。（4）加强后期管理：及时防治病虫害，适时收获。

适宜种植地区：适宜宁夏引黄灌区单种或与小麦套种种植。

东单 60 号

审定编号：宁审玉 2005001

选育单位：辽宁东亚种业选育，宁夏回族自治区种子管理站引入。

品种来源：A801×丹 598

特征特性：苗势中等，芽鞘紫色，叶色深绿，叶缘紫色，生长势强，与小麦套种株高 279cm，穗位高 123cm，茎粗 1.4cm，株型紧凑，成株 19～21 片叶，花药黄色，花粉量中等，花丝红色，雌雄花期协调；果穗筒形，秃尖短，穗均匀，穗长 17cm，穗粗 5.6cm，穗行数 16～18 行，行粒数 37 粒，每穗粒数 592 粒，单穗粒重 170g，籽粒马齿型，黄色，轴红色，百粒重 30g。经宁夏农林科学院分析测试中心测定：籽粒含粗蛋白 10.914%，粗脂肪 3.86%，淀粉 70.4%，赖氨酸 0.22%，容重 698g/L。达到国家优质饲用玉米标准。生育期 146 天。抗矮花叶病、玉米螟，轻感大、小斑病、黑粉病，抗倒性、稳产性较好，喜肥水。

产量表现： 2003 年套种区域试验平均亩产 620.6kg，较对照增产 3.5%；2004 年套种区域试验平均亩产 579.8kg，较对照沈单 16 号减产 2.4%；2004 年单种区域试验平均亩产 766.8kg，较对照沈单 16 号减产 2.5%。2004 年生产试验平均亩产 660.85kg，较对照沈单 16 号增产 1.16%。

栽培技术要点：（1）种植方式：套种玉米边行距小麦不少于 20cm，玉米行距 25～30cm，亩密度 3300株；单种采用宽窄行，行距 55cm，株距 25cm，亩密度 4200～4500 株。（2）播种：播种期 4 月 10 日，每亩用种 2.0（套种）～3kg（单种）。机播或人工播种。（3）施肥与灌水：重施农家肥，N、P、K 合理搭配。（4）加强后期管理：及时防治病虫害；适时收获。

适宜种植地区： 适宜宁夏引黄灌区单种或与小麦套种种植。

登海 3702

审定编号： 宁审玉 2005002

选育单位： 山东登海种业股份有限公司选育，宁夏回族自治区种子管理站引入。

品种来源： 冲 26×ZH57

特征特性： 株型半紧凑，第一叶尖端形状圆形，叶色深绿，生长势强，整齐，与小麦套种株高 233cm，穗位高 103cm，茎粗 1.9cm；株型紧凑，成株 18～21 片叶，花药绿色，花丝绿色，雄穗分枝中等，果穗长筒型，长 19.5cm，穗粗 5.3cm，秃尖 3.1cm，穗行数 14～16 行，行粒数 36 粒，单穗粒数 448 粒，百粒重 38.8g。籽粒橙色，半硬粒型，穗轴白色。经农业部谷物品质监督检验测试中心测定：籽粒含粗蛋白 9.2%，粗脂肪 3.83%，淀粉 72.72%，赖氨酸 0.26%，容重 746g/L。生育期 145 天。高抗玉米粗缩病和叶斑病，抗青枯病，高抗倒伏。

产量表现： 2003 年套种区域试验平均亩产 654.0kg，较对照沈单 16 号增产 3.1%；2004 年套种区域试验平均亩产 549.1kg，较对照沈单 16 号增产 4.2%，单种区域试验平均亩产 907.4kg，较对照沈单 16 号增产 4.9%。2004 年生产试验平均亩产 511.9kg，较对照沈单 16 号减产 2.9%；

栽培技术要点：（1）种植方式：套种玉米边行距小麦不少于 20cm，玉米行距 25～30cm，亩密度 3500株；单种采用宽窄行，行距 55cm，株距 25cm，亩密度 4200～4500 株。（2）播种：播种期 4 月 10 日左右，亩用种 2.0（套种）～3（单种）kg。机播或人工播种。（3）施肥与灌水：重施农家肥，合理配施 N、P、K 化肥及微肥。（4）加强后期管理：及时防治病虫害；适时收获。

适宜种植地区： 适宜宁夏引黄灌区单种或与小麦套种种植。

屯玉 53 号

审定编号： 宁审玉 2005004

选育单位： 山西屯玉种业有限公司选育，宁夏回族自治区种子管理站引入。

品种来源： 0793×5102

特征特性： 幼苗绿色，基鞘紫色。株型紧凑，成株 18 片叶，株高 246cm，穗位 98cm，雄穗主轴明显，分枝中等，护颖绿色，花药黄色，花粉量多，雌穗穗柄短，穗斜伸，果穗长筒型，穗长 20.8cm，穗行数 16～20 行，行粒数 36 粒，单穗粒重 202.32g，籽粒马齿型，黄色，轴红色，百粒重 30.5g。经农业部谷物品质监督检验测试中心测定：籽粒含粗蛋白 8.82%，脂肪 4.19%，粗淀粉 72.25%，赖氨酸 0.24%，容重 762g/L。生育期 140 天，属中熟、紧凑大穗型品种。抗霜霉病、大小斑病，轻感黑粉病、茎腐病，抗倒性强。

产量表现： 2003 年区域试验平均亩产 766.7kg，较对照中单 2 号增产 5.93%；2004 年区域试验平均亩产 792.7kg，较对照中单 2 号增产 6.72%；两年区域试验平均亩产 779.7kg，较对照中单 2 号增产 6.76%；2004 年生产试验平均亩产 764.7kg，较对照中单 2 号增产 9.08%。

栽培技术要点：（1）播种：播种期 4 月 20 日左右。亩播种量 3.5kg，可采用机条播或人工开沟播种，播深 5～7cm。（2）合理密植：亩密度 3500～4000 株。（3）施肥：每亩基施农家肥 3000kg 以上，酌情基施氮磷钾肥；生长前期追施钾、锌等微肥。

适宜种植地区： 适宜宁南山区海拔 1800m 以下覆膜种植。

屯玉 1 号

审定编号： 宁审玉 2003001

选育单位： 山西屯玉种业选育，宁夏回族自治区种子管理站引入。

品种来源： 冲 72×辐 80

特征特性： 该品种苗势中等偏弱，芽鞘紫色，叶色深绿，叶缘紫色；生长势强，整齐，与小麦套种株高 242cm 左右，穗位高 116cm，茎粗 2.0cm；株型紧凑，成株 18～21 片叶；花药黄色，花粉量中等，花丝浅红色，雌雄花期协调；果穗长筒形，秃尖短，穗均匀；穗长 18.5cm，穗粗 5.3cm，穗行数 16 行，行粒数 36 粒，每穗粒数 610 粒，单穗粒重 167g；籽粒马齿型，黄色，百粒重 33g，籽粒含水 16.2%时，含粗蛋白 9.94%，粗脂肪 4.49%，淀粉 71.94%，赖氨酸 0.36%。生育期 142 天。抗矮花叶病、玉米螟，轻感大、小斑病、丝黑穗病，感瘤黑粉病；抗倒性差，稳产性较差，喜肥水，空秆率较高，耐密性差。

产量表现： 2000 年区域试验四个试验点三增一减，平均亩产 586.89kg，比对照掖单 13 号增产 7.97%，居参试组合第一位；2001 年区试四点二增二减，平均亩产 524.0kg，比对照掖单 13 号减产 0.1%，居第 10 位；两年区试平均亩产 555.45kg，比对照增产 4.02%。2001 灌区生产试验四点两增两减，平均亩产 542.6kg，比对照掖单 13 号亩产 548.3kg 减产 1.0%。

栽培技术要点： （1）种植方式：以单种为主，每亩种植密度 4100～4300 株。（2）播种：播种期 4 月 15 日左右，机播或人工播种。（3）施肥与灌水：重施农家肥，合理配施 N、P、K 化肥及微肥。（4）加强田间管理，注意防止倒伏。避免在多风地带种植。

适宜种植地区： 适宜引黄灌区单种。

丹玉 46 号

审定编号： 宁审玉 2003002

选育单位： 中种集团承德长城种子有限公司选育，宁夏回族自治区种子管理站引入。

品种来源： 丹 3130×丹 340

特征特性： 幼苗叶鞘紫色，叶缘紫色，成株叶色浓绿，株高 262cm，穗位高 131cm，雄穗发达，分枝数较多，护颖紫色，花药黄色，花丝粉红色，果穗中间型，穗长 18.5cm，穗行数 16～20 行，单穗粒重 185g，出籽率 86%，籽粒黄色，马齿型，穗轴红色，百粒重 29g。经宁夏农林科学院分析测试中心测定：籽粒含粗蛋白 7.33%，粗脂肪 4.61%，粗淀粉 73.98%，赖氨酸 0.27%。生育期 139 天。抗大、小斑病，感丝黑穗病。

产量表现： 2002 年区域试验平均亩产 657.4kg，较对照掖单 13 号增产 4.4%；2003 年区域试验平均亩产 621.7kg，较对照沈单 16 号增产 3.7%；两年区域试验平均亩产 683.42kg，较对照增产 4.1%。

栽培技术要点： （1）适时播种：播种期 4 月中旬。（2）合理密植：套种亩密度 3500 株；单种亩密度 4000～4500 株。（3）施肥：科学施肥，氮磷钾配合使用，施足底肥，促苗早发。（4）及时防治病虫害。

适宜种植地区： 适宜引黄灌区单种、套种种植。

永玉 3 号

审定编号： 宁审玉 2003005

选育单位： 河北省冀南玉米研究所选育，宁夏回族自治区种子管理站引入。

品种来源： 永 31257×连 1538

特征特性： 幼苗顶土能力强，苗期生长健壮，株高 308cm，穗位 136cm，株型紧凑，全株 19～21 片叶，果穗粗大，圆柱型，穗长 20.25cm，穗粗 5.5～6cm，穗行数 16～20 行，行粒数 36～46 粒，穗轴红色，籽粒黄色，马齿型，百粒重 36g，出籽率 85% 以上，单株粒重 202.64g。经农业部谷物检验分析测试中心（北京）测定：容重 742g/L，粗蛋白 8.01%，赖氨酸 0.23%，粗脂肪 4.59%，粗淀粉 74.18%。生育期 138 天。活秆成熟，抗小斑病、大斑病、灰斑病等多种主要病害，感黑穗病。

产量表现： 2002 年区域试验平均亩产 743.19kg，较对照掖单 13 号增产 9.9%，2003 年区域试验平均亩产 803.25kg，较对照沈单 16 号增产 7.04%。2003 年生产试验平均亩产 643.81kg，较对照增产 15.38%。

栽培技术要点： （1）播种：播种期 4 月 20 日。（2）合理密植：单种每亩 4000～4500 株，套种每亩

3500 株。

适宜种植地区：适宜引黄灌区单种、套种种植。

登海 3672

审定编号：宁审玉 2003006

选育单位：山东登海种业股份有限公司选育，宁夏回族自治区种子管理站引入。

品种来源：DH13×DH101

特征特性：叶片深绿色，株型紧凑，茎秆坚韧，株高 240～250cm，穗位高 90～100cm，雄穗分枝 8～10 个，颖壳绿色，花药黄绿色，花丝浅粉色，果穗筒型，穗长 20cm，穗粗 5.3cm，穗行数 16～20 行，行粒数 37 粒，籽粒红色，半硬粒型，穗轴红色，百粒重 34g，容重 682g/L。籽粒含粗蛋白 11.1%，粗脂肪 3.63%，粗淀粉 73.68%，赖氨酸 0.26%。生育期 136 天。活秆成熟，根系较发达，高抗病毒病和青枯病，抗倒性好。

产量表现：2001 年区域试验平均亩产 687.9kg，较对照中单 2 号增产 0.85%；2002 年区域试验平均亩产 942.87kg，较对照中单 2 号增产 14.56%；两年区域试验平均亩产 815.39kg，较对照中单 2 号增产 8.35%。2002 年生产试验平均亩产 663.2kg，较对照中单 2 号增产 13.48%。

栽培技术要点：（1）播种：播种期 4 月 20 日。（2）合理密植：亩密度 3500～4000 株。

适宜种植地区：适宜宁南山区露地或覆膜种植。

金穗 1 号

审定编号：宁审玉 2003008

选育单位：甘肃省金穗种业有限责任公司和甘肃省农业大学联合选育，宁夏同心县种子公司引入。

品种来源：97-608-1×137-8

特征特性：幼苗叶鞘浅紫色，株型半紧凑，前期生长慢，后期生长快，株高 271cm，穗位高 121cm，穗行数 14～18 行，行粒数 37 粒，百粒重 39.2g，籽粒红色，硬粒型，穗轴白色。经宁夏农林科学院分析测试中心测定：籽粒含粗蛋白 8.71%，粗脂肪 4.00%，粗淀粉 75.88%，赖氨酸 0.27%。生育期 140 天。耐旱，抗病，抗倒，适应性强，活秆成熟。缺点是不宜密植。

产量表现：2002 年区域试验平均亩产 918.8kg，较对照中单 2 号增产 11.64%；2003 年区域试验平均亩产 791.5kg，较对照中单 2 号增产 9.4%。2003 年生产试验平均亩产 745kg，较对照中单 2 号增产 14%。

栽培技术要点：（1）播种：播种期 4 月 10 日，不能迟于 4 月 30 日。（2）合理密植：亩密度 3300～3500 株。（3）施肥：亩基施农家肥 3000kg，播种时带种肥磷酸二铵 5kg，定苗后于 5 月下旬追施尿素 10kg，大喇叭口期追施尿素 20kg，磷酸二铵 10kg，7 月下旬追施尿素 10kg。

适宜种植地区：适宜宁南山区露地或覆膜种植。

中单 9409

审定编号： 宁审玉 2003009

选育单位： 中国农业科学院作物科学研究所选育，宁夏农林科学院农作物研究所引入。

品种来源： 齐 205×CA375

特征特性： 苗期整齐，幼苗叶鞘紫色，植株生长势强，株高 245cm（套种）～303cm（单种），穗位高 105cm（套种）～135cm（单种），茎粗 2.0cm，株型半紧凑，成株 19～21 片叶，叶色深绿，花丝淡紫色，花粉量大，果穗筒型，秃尖短，穗长 20cm，穗粗 4.7cm，穗行数 14～18 行，行粒数 40 粒，每穗粒数 610 粒，单穗粒重 189g，穗轴红色、较细，籽粒黄色，半硬粒型，百粒重 36.4g。经宁夏农林科学院分析测试中心测定：籽粒含粗蛋白 9.34%，粗脂肪 3.95%，粗淀粉 75.88%，赖氨酸 0.36%。生育期 132 天。抗霜霉病、大小斑病，轻感黑粉病，抗倒性强。

产量表现： 2001 年区域试验平均亩产 534.3kg，较对照掖单 13 号增产 1.9%；2002 年区域试验平均亩产 592.6kg，较对照掖单 13 号增产 11.2%；区域试验两年平均亩产 563.5kg，较对照掖单 13 号增产 6.6%。2002 年生产试验平均亩产 592.2kg，较对照掖单 13 号增产 10.7%。

栽培技术要点：（1）播种：播种期 4 月 10 日。（2）合理密植：套种亩密度 3500 株，单种 4000～4500 株。

适宜种植地区： 适宜宁夏引黄灌区单种、套种种植。

宁单 10 号

审定编号： 宁审玉 2003010

选育单位： 宁夏农林科学院农作物研究所选育。

品种来源： 郑 22×宁 56

特征特性： 苗期整齐，生长势强，叶鞘紫色，株高 240cm（套种）～275cm（单种），穗位高 110cm（套种）～135cm（单种），茎粗 2.0cm，成株叶片 19～20 片，果穗筒型，穗均匀，穗长 20.3cm，穗粗 5.2cm，穗行数 16 行，每行粒数 41 粒，单穗粒重 182g，籽粒马齿型、黄色，百粒重 32g，出籽率 84.9%。经宁夏农林科学院分析测试中心测定：籽粒含粗蛋白 9.37%，粗脂肪 5.24%，粗淀粉 71.14%。生育期 133 天。抗霜霉病、大小斑病，轻感青枯病，易感黑粉病，抗倒性强，耐瘠薄，耐密性好。

产量表现： 2002 年区域试验平均亩产 687.4kg，较对照掖单 13 号增产 9.2%；2003 年区域试验平均亩产 650.1kg，较对照沈单 16 号增产 2.5%；区域试验两年平均亩产 668.8kg，较对照增产 5.9%。2003 年生产试验平均亩产 566.7kg，较对照沈单 16 号减产 12.1%。

栽培技术要点：（1）播种：播种期 4 月 10 日。（2）合理密植：套种亩密度 3500 株；单种亩密度 4000～4500 株。

适宜种植地区： 适宜宁夏引黄灌区单种、套种种植。

晋单 33 号

审定编号： 宁审玉 200202

选育单位： 山西省农业科学院玉米研究所育成，中卫县种子公司引入。

品种来源： VG187－4×旱选 21-1

特征特性： 植株生长健壮，株高 260～280cm，穗位高 110cm，茎秆粗壮，叶片上举，活秆成熟，果穗筒型，秃尖小，果穗较大，穗长 23cm，穗粗 5.5cm，穗行数 16～18 行，行粒数 38 粒，百粒重 38g，出籽率 85%，单穗粒重 210g，籽粒马齿型，黄色。籽粒蛋白质 7.8%，粗脂肪 3.3%，粗淀粉 72.1%。生育期 145 天。根系发达，抗倒伏，抗旱，抗大小斑病，丝黑穗病，青枯病。

产量表现： 1998 年区域试验平均亩产 622.1kg，较对照掖单 13 号增产 11.2%；1999 年区域试验平均亩产 595.7kg，较对照增产 4.9%；2000 年生产试验平均亩产 549.35kg，较对照增产 31.12kg。

栽培技术要点： 适应性强，喜水肥，不耐密植。一般亩保苗 3500 株。

适宜种植地区： 适宜宁夏黄灌区单种或与小麦套种。

中单 5485

审定编号： 宁审玉 200203

选育单位： 中国农业科学院农作物研究所育成，宁夏回族自治区种子管理站引入。

品种来源： 5314×CA501

特征特性： 幼苗绿色，叶鞘紫色，株型半紧凑，19 片叶，株高 238cm，穗位 82cm，雄穗主轴明显，分枝中等，枝条斜伸，护颖绿色，花药黄色，花粉量多。雌穗穗柄短，穗斜伸，果穗长筒型，花丝粉红色，穗长 19.5cm，穗粗 5cm，穗行数 16～18 行，行粒数 37 粒，单穗粒重 172g，籽粒半马齿型，黄色，轴红色，百粒重 35.7g，出籽率 84.9%。品质较好：籽粒含粗蛋白 7.43%，脂肪 3.56%，粗淀粉 74.75%，赖氨酸 0.22%。生育期 141 天，属中熟、中秆、半紧凑大穗型杂交品种。抗霜霉病、大小斑病、茎腐病、纹枯病，轻感丝黑穗、黑粉病，抗倒性强，耐瘠薄，耐密性好。

产量表现： 1999 年区域试验平均亩产 669.7kg，较对照中单 2 号（亩产 666.8kg）增产 0.43%，较对照宁单 8 号（亩产 628.5kg）增产 6.56%；2000 年区域试验平均亩产 835.7kg，较对照中单 2 号（亩产 721.2kg）增产 15.96%，较对照宁单 8 号（亩产 695.7kg）增产 20.54%；2001 年区域试验平均亩产 736.3kg，较对照中单 2 号（亩产 682.1kg）增产 7.95%，较对照宁单 8 号（亩产 636.3kg）增产 15.72%；三年区域试验平均亩产 747.23kg，较对照中单 2 号（亩产 690.03kg）增产 8.29%，较对照宁单 8 号（亩产 653.5kg）增产 14.34%；2001 年生产试验平均亩产 723kg，较对照中单 2 号（亩产 655.4kg）增产 10.31%，较对照宁单 8 号（亩产 618.4kg）增产 15.72%。

栽培技术要点： （1）4 月 20 日播种。亩播种量 3.5kg（单种），可采用机条播或人工开沟播种，一般播 5～7cm。（2）合理密植：单种采用宽窄行，密度为每亩 4000～4500 株。（3）施肥：亩基施农家肥 3000kg，酌情基施磷钾肥各 10kg；全生育期亩施 $P_2O_5$9.2kg，N18kg，于生长前期追施钾、锌等微肥。（4）其他管理措施与一般玉米相同。

适宜种植地区： 适宜宁夏南部山区露地或覆膜种植。

沈单 16 号

审定编号： 宁审玉 200204

选育单位： 辽宁省沈阳农科院作物所选育，宁夏回族自治区种子管理站引入。

品种来源： k12×沈 137

特征特性： 苗期整齐，生长势强，叶鞘紫色，株高 238cm（套种）～277cm（单种），穗位高 110cm（套种）～131cm（单种），成株总叶片 23～24 片，株型紧凑，花丝粉红色，花药粉色，果穗长筒型，穗长 19.8cm，穗轴红色，穗行数 16 行，每行粒数 36 粒，单穗粒重 193g，百粒重 33.1g，籽粒硬粒型，黄红色。籽粒含粗蛋白 10.48%，脂肪 3.42%，粗淀粉 71.53%，赖氨酸 0.30%。生育期 134 天。抗大斑病，高抗小斑病、矮花叶病、茎腐病，中抗玉米螟，感丝黑穗病，抗倒性强。

产量表现： 2000 年区域试验平均亩产 774.4kg，较对照掖单 13 号（亩产 714.1kg）增产 8.4%；2001 年区域试验平均亩产 573.0kg，较对照掖单 13 号（亩产 524.4kg）增产 9.3%；2001 年生产试验平均亩产 569.6kg，较对照掖单 13 号（亩产 517.53kg）增产 10.06%。

栽培技术要点：（1）适时播种：播种期一般 4 月中旬。（2）合理密植：套种密度每亩 3500～4000 株；单种密度每亩 4000～4500 株。（3）施肥：科学施肥，氮磷钾配合使用，施足底肥，促苗早发。（4）及时防治病虫害，适时早收。（5）其他管理措施同大田玉米生产。

适宜种植地区： 适宜宁夏引黄灌区套种或单种种植。

西星糯玉 1 号

审定编号： 宁审玉 200207

选育单位： 山东省莱州市登海种业有限公司育成，宁夏回族自治区种子管理站引入。

品种来源： BN101×BN201

特征特性： 幼苗绿色，叶鞘紫色，株型半紧凑，17 片叶，株高 224cm，穗位 104cm，雄穗主轴明显，分枝中等，枝条斜伸，雌穗穗柄短，穗长 18.6cm，穗粗 4.2cm，穗行数 14～18 行，行粒数 34 粒，百粒重 16.8g，单穗重 167.4g；籽粒半马齿型，白色，轴红色，果穗大小均匀，苞叶完整，新鲜嫩绿，色泽一致，籽粒饱满，排列整齐、紧密，没有秃尖，无霉变，无损伤。籽粒皮薄，细腻无渣，柔嫩适口，有香味，无异味，黏软香甜。糯性，鲜食品种，出苗至采收期 109 天，生育期 131 天。抗霜霉病、大小斑病、茎腐病、纹枯病，轻感丝黑穗、黑粉病，抗倒性强。

产量表现： 2000 年青食玉米引种试验，鲜果穗亩产 1116kg；2001 年区域试验鲜果穗亩产 1253.2kg；

二年试验平均亩产 1184.6kg。

栽培技术要点：（1）播种：播种期 4 月 5 日。亩播量 3.5kg（单种），覆膜种植可提早上市。一般播深 5～7cm。（2）合理密植：单种采用宽窄行，密度 4500～5000 株。（3）施肥：亩基施农家肥 3000kg，酌情基施磷钾肥各 10kg；全生育期每亩施 P_2O_5 9.2kg，纯 N18kg。（4）适时采收：吐丝后 23～26 天采收鲜果穗。

适宜种植地区：适宜宁夏灌区露地或覆膜种植，南部山区覆膜种植。

万粘 3 号

审定编号：宁审玉 200208

选育单位：河北万全县种子公司育成，宁夏回族自治区种子管理站引入。

品种来源：W19×W20

特征特性：幼苗绿色，叶鞘紫色，株型半紧凑，18 片叶，株高 117cm，穗位 65cm，雄穗主轴明显分枝中等，枝条斜伸，穗长 17.7cm，穗粗 4.2cm，穗行数 12～16 行，行粒数 29 粒，百粒重 17.2g，单穗重 155g，籽粒半马齿型，白色。穗型大小一致，苞叶完整，新鲜嫩绿，色泽一致，籽粒饱满，排列整齐紧密，秃尖较小。籽粒皮薄，细腻无渣，柔嫩适口，有香味，无异味，黏软香甜。糯性，鲜食品种，出苗至采收期 94 天，全生育期 111 天。抗大小斑病、茎腐病、纹枯病，轻感丝黑穗、黑粉病，抗倒性强。

产量表现：2000 年青食玉米引种试验鲜果穗亩产 1034kg；2001 年区域试验鲜果穗亩产 1071.3kg；两年试验平均亩产 1052.6kg。

栽培技术要点：（1）播种：播种期 4 月 5 日。亩播量 3.5kg（单种），覆膜种植可提早上市。一般播深 5～7cm。（2）合理密植：单种采用宽窄行，密度每亩 4500～5000 株。（3）施肥：亩基施农家肥 3000kg，酌情基施磷钾肥各 10kg；全生育期亩施 P_2O_5 9.2kg，纯 N18kg。（4）适时采收：吐丝后 23～26 天采收鲜果穗。

适宜种植地区：适宜宁夏灌区露地或覆膜种植，南部山区覆膜种植。

垦粘 1 号

审定编号：宁审玉 200209

选育单位：黑龙江种子管理局育成，宁夏回族自治区种子管理站引入。

品种来源：糯 1×糯 2

特征特性：幼苗绿色，叶鞘紫色，株型半紧凑，17 片叶，株高 191cm，穗位 79cm，穗长 20.3cm，穗粗 3.98cm，穗行数 14～18 行，行粒数 34 粒，百粒重 17.6g，单穗重 160.4g，籽粒马齿型，白色，穗型大小一致，苞叶完整，新鲜嫩绿，色泽一致，籽粒饱满，排列整齐紧密，秃尖较小，无霉变，无损伤。籽粒皮薄，细腻无渣，柔嫩适口，有香味，黏软香甜。糯性，鲜食品种，出苗至采收期 101 天，生育期 117 天。抗大小斑病、茎腐病、纹枯病、丝黑穗、黑粉病，抗倒性强。

产量表现： 2000年青食玉米区域试验鲜果穗亩产1069.3kg；2001年区域试验鲜果穗亩产1323.1kg。

栽培技术要点： （1）4月5日播种。亩播种3.5kg（单种），覆膜种植可提早上市。一般播深5~7cm。（2）合理密植：单种采用宽窄行，密度每亩4500~5000株。（3）施肥：每亩基施农家肥3000kg，酌情基施磷钾肥各10kg；全生育期亩施$P_2O_5$9.2kg，纯N18kg。（4）适时采收：吐丝后23~26天采收鲜果穗。

适宜种植地区： 适宜宁夏灌区露地或覆膜种植，南部山区覆膜种植。

登海1号

审定编号： 宁种审2011

选育单位： 山东莱州市农科院育成，宁夏回族自治区种子管理站、宁夏农林科学院农作物研究所引入。

品种来源： 登海4866×196

特征特性： 株型紧凑，根系发达，株高236~252cm，穗位高88~96cm，全株15~17片叶，茎粗2.6cm，穗长17cm，穗粗5.2cm，穗行数16行，行粒数36粒，穗粒数576粒，单穗粒重166.4g，百粒重26.5g，果穗筒型，白轴，黄粒，马齿型。籽粒含粗蛋白8.01%，赖氨酸0.36%，粗脂肪3.87%，粗淀粉75.13%。生育期139天。抗玉米小斑病、茎腐病、矮花叶病，中感大斑病，耐密植，活秆成熟，叶片浓绿肥厚宽大，抗倒伏强。

产量表现： 1998年区域试验平均亩产599.67kg，较对照增产3.37%；1999年区域试验平均亩产683.4kg，较对照增产8.74%。一般亩产550~600kg。

栽培技术要点： （1）合理密植：川水地每亩4000~4700株，山旱地每亩3500~4000株。（2）科学施肥，氮磷钾配合使用，注重施足底肥，苗期促早发。（3）注意防治病虫害，适时收获。

适宜种植地区： 适宜宁南山区海拔1800m以下地区水、旱地覆膜种植。

登海3号

审定编号： 宁种审2014

选育单位： 山东莱州市农业科学院育成，宁夏回族自治区种子管理站引入。

品种来源： DH08×P138

特征特性： 芽鞘顶土力强，幼苗生长势强，株高294cm，株型半紧凑，穗位高149cm，茎粗1.9cm，果穗筒型，穗长16.5cm，穗粗5.3cm，穗行数16行，行粒数38粒，单穗粒重159g，百粒重30.9g，出籽率85.8%，籽粒黄色，马齿型，穗轴红色。经宁夏农林科学院分析测试中心测定：籽粒含粗蛋白8.93%，粗脂肪4.88%，粗淀粉73.27%，赖氨酸0.40%。生育期143天。抗倒伏，霜霉病抗性好或发病率低，高抗玉米丝黑穗病和矮花叶病，抗红叶病，中感大斑病，黑粉病。

产量表现： 1997年区试均增产平均亩产642.2kg，较对照增产17.3%；1998年区试平均亩产602.3kg，较对照增产7.6%；1998年生产试验平均亩产599.63kg，较对照增产3.7%。1999年生产示范平均亩产862kg，较对照增产 38.1%。一般亩产 640kg。

栽培技术要点：（1）4 月 10 日播种，亩播 2kg，保苗 3500～4000 株。（2）在中上等肥力条件下，丰产潜力大。亩施农家肥 5000kg，纯 N17kg。（3）全生育期灌水 3～5 次，要保证大喇叭口期灌水一次。

适宜种植地区：适宜宁夏引黄灌区麦田套种，露地或覆膜单种。

丹玉 13 号

审定编号：宁种审 9015

选育单位：丹东农业科学研究所植保研究室选育，宁夏回族自治区种子公司引入。

品种来源：M17Ht×F28

特征特性：幼苗叶鞘淡紫色，叶片斜伸，叶色浓绿，长势旺盛，株型紧凑，呈塔形，穗位以上叶片上冲，通风透光好，主茎叶片数 19～20 片，生长健壮，单种株高 300～321cm，穗位 135～154.6cm，茎粗 2.8～3.3cm；套种株高 231～267.97cm，穗位高 100～122.7cm，茎粗 1.8～2.lcm，果穗长筒型，穗长 18.5～24.4cm，穗粗 4.44～5.4cm，穗轴红色，穗行数 14～16 行，行粒数 40～48 粒。千粒重 300～364g，单穗粒重 158～321g，秃尖 0.5～1.7cm，出籽率 82%～86%，空秆率低 0.5%～1.4%，籽粒马齿型，黄色。品质中上。脂肪含量 4.51%，蛋白质 8.86%，赖氨酸 0.23%，淀粉 65.1%。全生育期 130～142 天。喜肥水，抗旱性强，抗倒伏性好，抗大小斑病。

产量表现：1987 年套种区试平均亩产 425.75kg，较对照中单 2 号增产 4.9%；1988 年套种区试平均亩产 514kg，较对照中单 2 号增产 7.3%。1988 年单种区试平均亩产 794.9kg，较对照中单 2 号增产 15.8%。

栽培技术要点：（1）适时播种：单种 4 月 10 日播种，套种 4 月 15～20 日，每穴 2～3 粒，单种每亩 4500 株，套种每亩 3500 株。根深叶茂，喜水喜肥，需增施农家肥，生育期间适期灌水追肥。（2）制种时父母本行比 1:5。父本可分期播种，第一期父母本同播，播期 4 月 15～20 日，第二期父本在第一期父本出苗时在父本行每隔 2～3 穴补 1 穴。制种密度母本每亩 4000～4500 株，父本每亩 3500～4000 株。注意花期预测，判断花期相遇是否良好，否则应采取促控措施。

适宜种植地区：适宜宁夏灌区种植。

第三部分 附 录

附录一 宁夏回族自治区审定玉米品种基本信息表

审定编号	品种名称	杂交组合	选育申报单位	退审情况	保护情况	种质库编号	图谱页码	公告页码
宁审玉 2015001	宁单 22 号	KH964×KH85	宁夏科河种业有限公司选育			S1G05061	1	97
宁审玉 2015002	宁单 23 号	M6×P2	宁夏昊玉种业有限公司选育			S1G05068	2	97
宁审玉 2015003	宁单 24 号	Q24×R22	宁夏钧凯种业有限公司选育			S1G05062	3	98
宁审玉 2015004	宁单 25 号	Lx2132×齐 548	宁夏西夏种业有限公司选育			S1G05070	4	99
宁审玉 2015005	宁单 26 号	M33×M44	宁夏昊玉种业有限公司选育			S1G05063	5	99
宁审玉 2015006	宁单 27 号	K12×PY213	宁夏农林科学院农作物研究所和宁夏科泰种业有限公司选育					
宁审玉 2015007	广德 77	G248×G68	吉林广德农业科技有限公司选育，宁夏回族自治区种子工作站引入		申请号：20140192.8	S1G04349	6	100
宁审玉 2015008	宁单 28 号	8130×9803	宁夏绿博种子有限公司选育			S1G05064	7	101
宁审玉 2015009	富农 340	F502×FN1011	甘肃富农高科种业有限公司选育，宁夏农林科学院固原分院引入			S1G05071	8	101
宁审玉 2015010	吉单 27	四-287×四-144	吉农高新技术发展股份有限公司选育，贺兰县种子公司引入		申请号：20030073.3，2005-09-01 获得授权	S1G00784	9	102
宁审玉 2015011	太玉 339	203-607×D16	山西中农赛博种业有限公司选育			S1G05059	10	103
宁审玉 2015012	丰田 6 号	F017×T8532	赤峰市丰田科技种业有限公司选育，宁夏润丰种业有限公司引入		申请号：20040566.7，2009-01-01 获得授权，2015-11-01 终止保护	S1G00409	11	103
宁审玉 2015013	明玉 5 号	明 2325×明 1826	葫芦岛市明玉种业有限责任公司明选育，宁夏德汇农业科技有限责任公司引入			S1G00248	12	104
宁审玉 2015014	先行 1658	XX658×XX514C	宁夏西夏种业有限公司和山东先行种业股份有限公司选育			S1G05058	13	105
宁审玉 2015015	登海 605	DH351×DH382	山东登海种业股份有限公司选育，山东登海种业股份有限公司青铜峡市分公司引入		申请号：20080667.X，2014-09-01 获得授权	S1G05073	14	105
宁审玉 2015016	豫丰 98	585×22	河南省豫丰种业有限公司选育		申请号：20150978.7	S1G05074	15	106
宁审玉 2015017	32D22	PH09B×PHPM0	铁岭先锋种子研究有限公司选育，宁夏金三元农业科技有限公司引入		申请号：20080168.6	S1G00004	16	107
宁审玉 2015018	金创 1088	211605×3297	内蒙古蒙新农种业有限责任公司选育，宁夏根来福种业有限公司引入			S1G05060	17	107
宁审玉 2015019	农华 032	7P402×S121	北京金色农华种业科技股份有限公司选育，宁夏润丰种业有限公司引入		申请号：20100952.2	S1G03046	18	108
宁审玉 2015020	五谷 310	WG3257×WG6319	甘肃五谷种业有限公司选育，宁夏回族自治区种子工作站引入		申请号：20120754.0	XIN16226	19	109
宁审玉 2015021	大丰 30	A311×PH4CV	山西大丰种业有限公司选育，宁夏红禾种子有限公司引入		申请号：20110059.3	S1G03881	20	109
宁审玉 2015022	奥玉 3804	OSL266×丹 598	北京奥瑞金种业股份有限公司选育，宁夏回族自治区种子工作站引入		申请号：20120986.0	S1G04223	21	110
宁审玉 2015023	彩糯 208	M008×M009	宁夏昊玉种业有限公司选育			S1G05069	22	111
宁审玉 2015024	香糯五号	B15-1×A12	辽宁海城市园艺科学研究所选育，宁夏西夏种业有限公司引入			S1G05066	23	111
宁审玉 2015025	香糯九号	古 A5×A12	辽宁海城市园艺科学研究所选育，宁夏西夏种业有限公司引入			S1G05067	24	112
宁审玉 2015026	紫玉糯 4 号	黑紫糯 02×双隐-1	宁夏西夏种业有限公司选育					

审定编号	品种名称	杂交组合	选育/申报单位	退审情况	保护情况	种质库编号	图谱页码	公告页码
宁审玉 2015027	甘甜糯2号	糯J11×甜糯7	甘肃金源种业股份有限公司选育，宁夏西夏种业有限公司引入		申请号：20120781.7	S1G05065	25	112
宁审玉 2015028	甘甜糯3号	（白糯J38×紫糯J40）×甜糯7	甘肃金源种业股份有限公司选育，宁夏西夏种业有限公司引入			S1G03438	26	113
宁审玉 2015029	农科玉368	京糯6×D6644	北京华奥农科玉育种开发有限责任公司选育，宁夏回族自治区种子工作站引入			S1G05084	27	113
宁审玉 2015030	京科糯2000	京糯6×BN2	北京市农林科学院玉米研究中心选育，宁夏回族自治区种子工作站引入			S1G01220	28	114
宁审玉 2015031	美玉糯16号	HE703×HE729nct	海南绿川种苗有限公司选育，宁夏回族自治区种子工作站引入			S1G04365	29	115
宁审玉 2014001	宁单18号	W123×W316	宁夏贺兰县种子公司选育			S1G04266	30	115
宁审玉 2014002	宁单19号	ZX544×ZS1085	宁夏农林科学院农作物研究所选育			S1G05072	31	116
宁审玉 2014003	宁单20号	M611×M612	宁夏固原市农业科学研究所和宁夏昊玉种业有限公司选育			S1G04656	32	117
宁审玉 2014004	宁单21号	A24×R15	宁夏钧凯种业有限公司选育			S1G04267	33	117
宁审玉 2014005	张玉1355	501×203	河北张家口市玉米研究所有限公司选育，银川农兴达种子有限责任公司引入		申请号：20030484.4，2007-05-01 获得授权	S1G04083	34	118
宁审玉 2014006	屯玉168	T6708×T913	北京屯玉种业有限责任公司选育，宁夏红禾种子有限公司引入		申请号：20110675.7	S1G04154	35	119
宁审玉 2012001	宁单14号	PH6WC×Q2463	宁夏科河种业有限公司选育			S1G03363	36	120
宁审玉 2012002	宁单15号	辽4545×金黄91B	宁夏西夏种业有限公司选育			S1G03629	37	120
宁审玉 2012003	宁单16号	9812×9965	宁夏丰禾种业有限公司选育			S1G03365	38	121
宁审玉 2012004	宁单17号	A366×786	宁夏科河种业有限公司选育			S1G03364	39	122
宁审玉 2012005	正业8号	ZF8801×ZF8045	海南正业中农高科股份有限公司和宁夏农垦贺兰山特色林果有限责任公司选育			S1G03361	40	122
宁审玉 2012006	大丰30	A311×PH4CV	山西大丰种业有限公司选育		申请号：20110059.3	S1G03881	20	123
宁审玉 2012007	西蒙6号	J203×817-2	宁夏银川西蒙种业有限公司引入		申请号：20100667.8，2014-11-01 获得授权	S1G03369	41	124
宁审玉 2012008	强盛16号	728×729	山西强盛种业有限公司选育		申请号：20070542.3，2010-07-01 获得授权	S1G01008	42	124
宁审玉 2012009	方玉36	F501×H09	河北省德华种业有限公司选育，宁夏绿茵种业公司引入		申请号：20090902.6，2014-11-01 获得授权	S1G00474	43	125
宁审玉 2012010	DK519	CL83(MP6550)×HCL645(SE6783)	孟山都科技有限责任公司选育，中种迪卡种子有限公司引入			S1G03368	44	126
宁审玉 2012011	晋单52	金304-2×金05-1	山西金鼎生物种业股份有限公司选育		申请号：20090436.1，2015-05-01 获得授权	S1G00624	45	127
宁审玉 2012012	中夏糯68	C712×NDW68	中国农业大学国家玉米改良中心和宁夏农林科学院农作物研究所选育			S1G03366	46	127
宁审玉 2012013	中夏玉4号	87162×昌7-2	中国农业大学国家玉米改良中心和宁夏农林科学院农作物所选育					
宁审玉 2012014	奥玉3616	OSL209×丹598	北京奥瑞金种业股份有限公司选育			S1G03367	47	128
宁审玉 2012015	先正达408	NP2034×HF903	先正达（中国）投资有限公司隆化分公司选育，三北种业有限		申请号：20080491.X，	S1G00429	48	129

160

审定编号	品种名称	杂交组合	选育/申报单位	退审情况	保护情况	种质库编号	图谱页码	公告页码
宁审玉2012016	KWS2564	KW4M029×KW7M031	德国KWS种子股份有限公司和宁夏禾种苗有限公司引入		2014-03-01 获得授权			
宁审玉2012017	宁玉524	宁晨26×宁晨41	江苏省金华隆种子科技有限公司选育		申请号：20090095.3，2015-07-01 获得授权	S1G01828	49	130
宁审玉2012018	富农821	9801×444	甘肃富农高科种业有限公司选育，固原市农科所和宁夏秦种业有限公司引入		申请号：20090116.8，2014-11-01 获得授权	S1G03370	50	130
宁审玉2012019	五谷704	WG6320×WG5603	甘肃五谷种业有限公司选育			S1G03770	51	131
宁审玉2010001	辽单565	中106×辽3162	辽宁省农科院玉米研究所选育，宁夏王太科技种业有限公司引入		申请号：20040425.3，2008-01-01 获得授权	S1G00040	52	132
宁审玉2010002	新引KXA4574	KW4M029×KW7M129	德国KWS种子股份有限公司引入		申请号：20070784.1，2014-03-01 获得授权	S1G03190	53	132
宁审玉2010003	西蒙5号	126×B3	宁夏银川西蒙种业有限公司选育		申请号：20100666.9，2015-11-01 获得授权	S1G03189	54	133
宁审玉2010004	KX3564	KW4M029×KW7M14	德国KWS种子股份有限公司选育，新疆康地种业科技股份有限公司引入			S1G02517	55	134
宁审玉2010005	米卡多	KW9430×KW7448	德国KWS种子股份有限公司选育，新疆康地种业科技股份有限公司引入			S1G02516	56	134
宁审玉2010006	鲁单9067	1x03-3×x03-2	山东省农科院玉米研究所选育，宁夏绿博种子有限公司引入		申请号：20090192.5，2014-03-01 获得授权	S1G03191	57	135
宁审玉2009001	宁单13号	9058×8218	宁夏绿博种子有限公司选育			S1G01979	58	136
宁审玉2009002	明玉2号	海9818×明2325	辽宁葫芦岛市明玉种业有限责任公司选育，新疆康地种业宁夏办事处引入	已退	申请号：20040092.4，2008-01-01 获得授权	S1G00140	59	137
宁审玉2009003	强盛12号	930×931	山西强盛种业有限公司选育，宁夏回族自治区种子管理站引入		申请号：20040192.0，2008-09-01 获得授权	S1G00750	60	137
宁审玉2008001	天泰15号	PC206×PC18	山东天泰种业选育，新疆康地宁夏办事处引入		申请号：20080346.8，2013-05-01 获得授权	S1G04524	61	138
宁审玉2008002	先玉335	PH6WC×PH4CV	铁岭先锋种子研究有限公司选育并引入		申请号：20050280.8，2010-01-01 获得授权	S1G00011	62	139
宁审玉2008003	奥联4号	OSL122×9801	北京奥瑞金种业股份有限公司选育，宁夏回族自治区种子管理站引入	已退				
宁审玉2008004	中农大青贮67	78599×SymD.O.Cu高油群体Sy10469	中农大玉米改良中心，宁夏农林科学院农作物研究所引入	已退				
宁审玉2007001	宁单11号	178×TZ499	宁夏农林科学院农作物研究所选育	已退				
宁审玉2007002	宁玉309	宁晨20×宁晨07	南京春曦种子研究中心选育，宁夏回族种苗有限公司引入	已退	申请号：20080418.9	S1G01399	63	139
宁审玉2007003	沈玉21号	3336×3265	沈阳农科院选育，银川西夏种苗有限公司选育，宁夏回族自治区种子管理站引入	已退	申请号：20050031.7，2008-05-01 获得授权	S1G00160	64	140
宁审玉2007004	晋试01	1145×C957	国家玉米改良中心选育，宁夏农科院农作物研究所引入	已退				

审定编号	品种名称	杂交组合	选育/申报单位	退审情况	保护情况	种质库编号	图谱页码	公告页码
宁审玉 2007005	长城 799	祥 249×BM	中种集团承德长城种子有限公司选育，宁夏回族自治区种子管理站引入	已退	申请号：20010164.1，2004-09-01 获得授权	S1G00310	65	141
宁审玉 2007006	宁单 12 号	k12×nyz17	宁夏原种场选育	已退		S1G01978	66	141
宁审玉 2007007	金穗 9 号	MO17-48×LC-9	甘肃白银金穗种业有限公司选育，宁夏农林科学院农作物研究所引入	已退		S1G01977	67	142
宁审玉 2006001	利玛 102	WPN3×CJ3051	山西利马格兰特种谷物研发有限公司选育，宁夏回族自治区种子管理站引入	已退				
宁审玉 2006002	金穗 6 号	EK12-49×JS0313	甘肃白银金穗种业公司选育，宁夏顺宝种业公司引入	已退		S1G01976	68	142
宁审玉 2006003	中玉 9 号	费玉 03×费玉 04	中国种子集团山东省费县种子公司选育，中种集团宁夏良种公司引入	已退	申请号：20030211.6	S1G02268	69	143
宁审玉 2006004	永玉 8 号	永 3143×永 14	河北冀南玉米研究所选育，宁夏回族自治区种子管理站引入	已退	申请号：20050285.9，2009-07-01 获得授权	S1G02519	70	144
宁审玉 2006005	登海 3639	DH08×DH72	山东登海种业股份有限公司选育，宁夏回族自治区种子管理站引入	已退		XIN04420	71	144
宁审玉 2006006	正大 12 号	CTL34×CTL16	襄樊正大农业开发有限公司选育，宁夏回族自治区种子管理站引入	已退	申请号：20030531.X，2006-07-01 获得授权	S1G03083	72	145
宁审玉 2006007	中北青贮 410	SN915×YH-1	山西北方种业选育，宁夏巨丰种苗公司引入	已退				
宁审玉 2005001	东单 60 号	A801×丹 598	辽宁东亚种业选育，宁夏回族自治区种子管理站引入	已退	申请号：20010123.4，2003-05-01 获得授权，2015-03-01 终止保护	S1G00122	73	145
宁审玉 2005002	登海 3702	冲 26×ZH57	山东登海种业股份有限公司选育，宁夏回族自治区种子管理站引入	已退	申请号：20050014.7，2008-05-01 获得授权	XIN03761	74	146
宁审玉 2005003	利玛 246	LIMVMM1×LIMLBB10	法国利马格兰公司选育	已退				
宁审玉 2005004	屯玉 53 号	0793×5102	山西屯玉种业有限公司选育，宁夏回族自治区种子管理站引入	已退		S1G01401	75	147
宁审玉 2003001	屯玉 1 号	冲 72×辐 80	山西屯玉种业选育，宁夏回族自治区种子管理站引入	已退	申请号：19990089.2，2003-07-01 获得授权，2007-03-01 终止保护	XIN00266	76	147
宁审玉 2003002	丹玉 46 号	丹 3130×丹 340	中种集团承德长城种子有限公司选育，宁夏回族自治区种子管理站引入	已退	申请号：20020036.4，2004-09-01 获得授权，2013-07-01 终止保护	S1G02235	77	148
宁审玉 2003003	承 706	K12×F7584	中种集团承德长城种子有限公司选育，宁夏回族自治区种子管理站引入	已退				
宁审玉 2003004	碧玉 5 号	543×改黄 C	河北平泉种子公司选育，宁夏回族自治区种子管理站引入	已退				
宁审玉 2003005	永玉 3 号	永 31257×连 1538	河北省冀南玉米研究所所选育，宁夏回族自治区种子管理站引入	已退	申请号：20050392.8，2008-09-01 获得授权，2015-09-01 终止保护	S1G02518	78	148
宁审玉 2003006	登海 3672	DH13×DH101	山东登海种业股份有限公司选育，宁夏回族自治区种子管理站引入	已退	申请号：20010066.1，2002-11-01 获得授权	S1G02726	79	149
宁审玉 2003007	农大 647	GY462×1147	中国农业大学选育，宁夏农林科学院农作物研究所引入	已退				

审定编号	品种名称	杂交组合	选育/申报单位	退审情况	保护情况	种质库编号	图谱页码	公告页码
宁审玉2003008	金穗1号	97-608-1×137-8	甘肃金穗种业有限责任公司和甘肃农业大学选育，宁夏同心县种子公司引入	已退		S1G02245	80	149
宁审玉2003009	中单9409	齐205×CA375	中国农业科学院作物栽培研究所选育，宁夏农林科学院农作物研究所引入	已退	申请号：20000043.8，2003-03-01获得授权	XIN00451	81	150
宁审玉2003010	宁单10号	郑22×宁56	宁夏农林科学院作物研究所引入	已退	申请号：20070117.7	XIN07719	82	150
宁审玉2003011	屯玉65号	T16×T1532	山西屯玉种业科技股份有限公司选育，宁夏种子公司引入	已退				
宁审玉2003012	临奥1号	618×811	河北省鑫县玉米研究所选育，宁夏回族自治区农作物研究所选育	已退				
宁审玉200201	宁单9号	宁70×52106	宁夏农林科学院农作物研究所选育	已退				
宁审玉200202	晋单33号	VG187-4×旱选21-1	山西省农科院玉米研究所选育，宁夏中卫种子公司引入	已退		S1G01182	83	151
宁审玉200203	中单5485	5314×CA501	中国农业科学院作物研究所选育，宁夏回族自治区种子管理站引入	已退		S1G01975	84	151
宁审玉200204	沈单16	K12×沈137	辽宁省沈阳农科院农作物研究所选育，宁夏回族自治区种子管理站引入		申请号：20010081.5，2002-07-01获得授权	S1G00157	85	152
宁审玉200205	中原单32	齐318×原辐黄	中国农业科学院原子能所所选育，宁夏回族自治区种子管理站、宁夏草原站工作站引入	已退				
宁审玉200206	勤吉53	齐319天×吉853	河北省承德燕山种子公司选育，宁夏种子公司引入	已退				
宁审玉200207	西星糯玉1号	BN101×BN201	山东省莱州市登海种业有限公司选育，宁夏回族自治区种子管理站引入	已退	申请号：19990087.6，2000-05-01获得授权，2015-05-01终止保护	S1G00514	86	152
宁审玉200208	万粘3号	W19×W20	河北万全县种子公司选育，宁夏回族自治区种子管理站引入	已退		S1G00259	87	153
宁审玉200209	垦糯1号	糯1×糯2	黑龙江种子管理局选育，宁夏回族自治区种子管理站引入	已退		S1G01750	88	153
宁审玉2011	登海1号	登海4866×196	山东省莱州市农科院选育，宁夏回族自治区种子管理站、宁夏农林科学院农作物研究所引入	已退	申请号：19990062.0，2000-05-01获得授权，2015-05-01终止保护	S1G00509	89	154
宁种审2012	陕单911	K12×K14	陕西省农科院粮食作物所所选育，平罗县种子公司引入	已退				
宁种审2013	豫玉25号	郑653×BT1	河南省农科院粮作所选育，宁夏回族自治区种子管理站引入	已退				
宁种审2014	登海3号	DH08×P138	山东省莱州市登海种业有限公司选育，宁夏回族自治区种子管理站引入	已退	申请号：20000097.7，2000-11-01获得授权	S1G00525	90	154
宁种审2015	户单1号	黄早四×Mo17	陕西省户县种子公司选育，宁夏原县种子管理站引入	已退				
宁种审2016	西玉3号	478×502-1331-196	固原县种子管理站、固原县种子公司	已退				
宁种审2017	DK656	CN9802×CN9801	宁夏回族自治区种子管理站、种子公司从中国种子集团引入	已退				
宁种审9810	豫玉18	478优×郑22	河南省农科院粮作所选育，宁夏回族自治区种子管理站引入	已退				
宁种审9811	张单1103	AC2T57-1-9-5-3×自330	甘肃张掖地区农科所选育，宁夏西吉县种子公司引入	已退				
宁种审9513	掖单19号	478×52106	山东省莱州市玉米研究所选育	已退				
宁种审9514	掖单42号	832×(7)61	山东省莱州市农业科学研究所选育，宁夏种子公司和宁夏农林科学院农作物研究所引入	已退				
宁审玉9412	掖单12号	478A×81515A	山东省莱州市登海玉米研究所选育，宁夏忠市科委引入	已退				

审定编号	品种名称	杂交组合	选育申报单位	退审情况	保护情况	种质库编号	图谱页码	公告页码
宁审玉9413	宁单8号	黄早四×AGT61-1-9-2	甘肃省张掖地区农业科学研究所选育，宁夏固原地区种子管理站引入	已退				
宁种审9414	辽原1号	辽巨311×辽白371	辽宁省农科院玉米研究所选育，宁夏农林科学院畜牧兽医研究所引入	已退				
宁种审9208	科多4号	南校8号×紫多114-1	中国农业科学院遗传研究所选育，宁夏农林科学院畜牧兽医研究所引入	已退				
宁种审9013	宁单7号	长220×B68	宁夏农林科学院作物研究所选育	已退				
宁种审9014	掖单13号	478×丹340	山东省莱州市玉米研究所选育，宁夏种子公司引入	已退				
宁种审9015	丹玉13号	M17Ht×F28	丹东农业科学研究所植保研究室选育，宁夏种子公司引入	已退		S1G01998	91	155
宁种审8608	京多1号	凤白29B×GB	中国农业科学院遗传研究所选育	已退				
宁种审8103	中单2号	Mo17×自330	中国农业科学院作物研究所选育，宁夏种子公司引入	已退				
宁种审8113	丹玉6号	旅28×自330	不详	已退				
宁种审8114	忻黄单9号	不详	不详	已退				
宁种审8115	忻黄单40号	不详	不详	已退				
宁种审7910	宁单4号	宁5×金1	宁夏农林科学院农作物研究所选育	已退				
宁种审7911	宁单6号	太183×宁5	宁夏农林科学院农作物研究所选育	已退				
宁种审7912	嫩单3号	甸育11A×早大黄	黑龙江省嫩江地区农科所选育	已退				
宁种审7939	宁单1号	不详	宁夏农林科学院农作物研究所选育	已退				
宁种审7940	宁单2号	不详	宁夏农林科学院农作物研究所选育	已退				
宁种审7941	宁单3号	不详	宁夏农林科学院农作物研究所选育	已退				
宁种审7942	宁三1号	不详	不详	已退				

注：以上整理的品种审定和保护信息，其公告时间均截至2015年12月31日。

编号	引物名称	染色体位置	引物序列
P01	bnlg439w1	1.03	上游：AGTTGACATCGCCATCTTGGTGAC 下游：GAACAAGCCCTTAGCGGGTTGTC
P02	umc1335y5	1.06	上游：CCTCGTTACGGTTACGCTGCTG 下游：GATGACCCCGCTTACTTCGTTTATG
P03	umc2007y4	2.04	上游：TTACACAACGCAACACGAGGC 下游：GCTATAGGCCGTAGCTTGGTAGACAC
P04	bnlg1940k7	2.08	上游：CGTTTAAGAACGGTTGATTGCATTCC 下游：GCCTTTATTTCTCCCTTGCTTGCC
P05	umc2105k3	3.00	上游：GAAGGGCAATGAATAGAGCCATGAG 下游：ATGGACTCTGTGCGACTTGTACCG
P06	phi053k2	3.05	上游：CCCTGCCTCTCAGATTCAGAGATTG 下游：TAGGCTGGCTGGAAGTTTGTTGC
P07	phi072k4	4.01	上游：GCTCGTCTCCTCCAGGTCAGG 下游：CGTTGCCCATACATCATGCCTC
P08	bnlg2291k4	4.06	上游：GCACACCCGTAGTAGCTGAGACTTG 下游：CATAACCTTGCCTCCCAAACCC
P09	umc1705w1	5.03	上游：GGAGGTCGTCAGATGGAGTTCG 下游：CACGTACGGCAATGCAGACAAG
P10	bnlg2305k4	5.07	上游：CCCCTCTTCCTCAGCACCTTG 下游：CGTCTTGTCTCCGTCCGTGTG
P11	bnlg161k8	6.00	上游：TCTCAGCTCCTGCTTATTGCTTTCG 下游：GATGGATGGAGCATGAGCTTGC
P12	bnlg1702k1	6.05	上游：GATCCGCATTGTCAAATGACCAC 下游：AGGACACGCCATCGTCATCA
P13	umc1545y2	7.00	上游：AATGCCGTTATCATGCGATGC 下游：GCTTGCTGCTTCTTGAATTGCGT
P14	umc1125y3	7.04	上游：GGATGATGGCGAGGATGATGTC 下游：CCACCAACCCATACCCATACCAG
P15	bnlg240k1	8.06	上游：GCAGGTGTCGGGGATTTTCTC 下游：GGAACTGAAGAACAGAAGGCATTGATAC
P16	phi080k15	8.08	上游：TGAACCACCCGATGCAACTTG 下游：TTGATGGGCACGATCTCGTAGTC
P17	phi065k9	9.03	上游：CGCCTTCAAGAATATCCTTGTGCC 下游：GGACCCAGACCAGGTTCCACC
P18	umc1492y13	9.04	上游：GCGGAAGAGTAGTCGTAGGGCTAGTGTAG 下游：AACCAAGTTCTTCAGACGCTTCAGG
P19	umc1432y6	10.02	上游：GAGAAATCAAGAGGTGCGAGCATC 下游：GGCCATGATACAGCAAGAAATGATAAGC
P20	umc1506k12	10.05	上游：GAGGAATGATGTCCGCGAAGAAG 下游：TTCAGTCGAGCGCCCAACAC

编号	引物名称	染色体位置	引物序列
P21	umc1147y4	1.07	上游：AAGAACAGGACTACATGAGGTGCGATAC 下游：GTTTCCTATGGTACAGTTCTCCCTCGC
P22	bnlg1671y17	1.10	上游：CCCGACACCTGAGTTGACCTG 下游：CTGGAGGGTGAAACAAGAGCAATG
P23	phi96100y1	2.00	上游：TTTTGCACGAGCCATCGTATAACG 下游：CCATCTGCTGATCCGAATACCC
P24	umc1536k9	2.07	上游：TGATAGGTAGTTAGCATATCCCTGGTATCG 下游：GAGCATAGAAAAAGTTGAGGTTAATATGGAGC
P25	bnlg1520K1	2.09	上游：CACTCTCCCTCTAAAATATCAGACAACACC 下游：GCTTCTGCTGCTGTTTTGTTCTTG
P26	umc1489y3	3.07	上游：GCTACCCGCAACCAAGAACTCTTC 下游：GCCTACTCTTGCCGTTTTACTCCTGT
P27	bnlg490y4	4.04	上游：GGTGTTGGAGTCGCTGGGAAAG 下游：TTCTCAGCCAGTGCCAGCTCTTATTA
P28	umc1999y3	4.09	上游：GGCCACGTTATTGCTCATTTGC 下游：GCAACAACAAATGGGATCTCCG
P29	umc2115k3	5.02	上游：GCACTGGCAACTGTACCCATCG 下游：GGGTTTCACCAACGGGGATAGG
P30	umc1429y7	5.03	上游：CTTCTCCTCGGCATCATCCAAAC 下游：GGTGGCCCTGTTAATCCTCATCTG
P31	bnlg249k2	6.01	上游：GGCAACGGCAATAATCCACAAG 下游：CATCGGCGTTGATTTCGTCAG
P32	phi299852y2	6.07	上游：AGCAAGCAGTAGGTGGAGGAAGG 下游：AGCTGTTGTGGCTCTTTGCCTGT
P33	umc2160k3	7.01	上游：TCATTCCCAGAGTGCCTTAACACTG 下游：CTGTGCTCGTGCTTCTCTCTGAGTATT
P34	umc1936k4	7.03	上游：GCTTGAGGCGGTTGAGGTATGAG 下游：TGCACAGAATAAACATAGGTAGGTCAGGTC
P35	bnlg2235y5	8.02	上游：CGCACGGCACGATAGAGGTG 下游：AACTGCTTGCCACTGGTACGGTCT
P36	phi233376y1	8.09	上游：CCGGCAGTCGATTACTCCACG 下游：CAGTAGCCCCTCAAGCAAAACATTC
P37	umc2084w2	9.01	上游：ACTGATCGCGACGAGTTAATTCAAAC 下游：TACCGAAGAACAACGTCATTTCAGC
P38	umc1231k4	9.05	上游：ACAGAGGAACGACGGGACCAAT 下游：GGCACTCAGCAAAGAGCCAAATTC
P39	phi041y6	10.00	上游：CAGCGCCGCAAACTTGGTT 下游：TGGACGCGAACCAGAAACAGAC
P40	umc2163w3	10.04	上游：CAAGCGGGAATCTGAATCTTTGTTC 下游：CTTCGTACCATCTTCCCTACTTCATTGC

附录三 Panel 组合信息表

Panel 编号	荧光类型	引物编号（等位变异范围，bp）		
		1	2	3
Q1	FAM	P20(166～196)	P03(238～298)	
	VIC	P11(144～220)	P09(266～335)	P08(364～420)
	NED	P13(190～248)	P01(319～382)	P17(391～415)
	PET	P16(200～233)	P05(287～354)	
Q2	FAM	P25(157～211)	P23(244～278)	
	VIC	P33(198～254)	P12(263～327)	P07(409～434)
	NED	P10(243～314)	P06(332～367)	
	PET	P34(153～186)	P19(216～264)	P04(334～388)
Q3	FAM	P22(173～255)		
	VIC	P30(119～155)	P35(168～194)	P31(260～314)
	NED	P21(152～172)	P24(212～242)	P27(265～332)
	PET	P36(202～223)	P02(232～257)	P39(294～333)
Q4	FAM	P28(175～201)	P38(227～293)	
	VIC	P14(144～174)	P32(209～256)	P29(270～302)
	NED	P37(176～216)	P26(230～271)	P40(278～361)
	PET	P15(220～246)	P18(272～302)	

注：以上为本书图谱采纳的 40 个玉米 SSR 引物的十重电泳 Panel 组合。

附录四 品种名称索引表